高等学校"十三五"规划教材

无机化学实验

张 倩 孙 红 主 编

王 腾 崔建华 副主编

化学工业出版社

·北京·

《无机化学实验》对传统的实验项目进行了优化整合，力求简明、实用，并兼具一定的系统性和完整性。全书分为实验基础知识、基本操作实验、基本原理实验、元素化合物性质实验、综合性实验和设计性实验等六部分。本书共37个实验项目，在实验内容的选择上突出基础性，并对一些实验项目进行了微型化探索，以培养学生良好的实验习惯、科学的思维方式和创新能力，使学生适应"一体化、多层次、分阶段、开放式"的实验教学模式。

本书可作为化学类、化工类、生物类、药学类、材料类等专业本科生的教材。

图书在版编目（CIP）数据

无机化学实验/张倩，孙红主编．—北京：化学工业出版社，2016.7（2018.8重印）

高等学校"十三五"规划教材

ISBN 978-7-122-27140-2

Ⅰ．①无… Ⅱ．①张…②孙… Ⅲ．①无机化学-化学实验-高等学校-教材 Ⅳ．①O61-33

中国版本图书馆 CIP 数据核字（2016）第 114446 号

责任编辑：宋林青　　　　　　　　　　装帧设计：史利平
责任校对：吴　静

出版发行：化学工业出版社（北京市东城区青年湖南街 13 号　邮政编码 100011）
印　　刷：北京京华铭诚工贸有限公司
装　　订：北京瑞隆泰达装订有限公司
787mm×1092mm　1/16　印张 10½　彩插 1　字数 243 千字　　2018 年 8 月北京第 1 版第 2 次印刷

购书咨询：010-64518888（传真：010-64519686）　售后服务：010-64518899
网　　址：http://www.cip.com.cn
凡购买本书，如有缺损质量问题，本社销售中心负责调换。

定　　价：21.00 元　　　　　　　　　　　　　　　　版权所有　违者必究

《无机化学实验》编写人员

主　编　张　倩　孙　红

副主编　王　腾　崔建华

编　者　（以汉语拼音为序）

陈红余　崔建华　董丽花　葛海燕

江　栋　李保庆　李　平　刘晶静

刘振亮　庞现红　孙　红　孙立平

王仁亮　王　腾　王晓鹏　王者辉

张　倩　朱晓慧

前　言

化学是一门以实验为基础的科学，化学实验有利于培养与发展学生对科学知识的学习兴趣与能力。由于实验过程中手脑并用，感知与思维相结合，理论与实践相结合，对学生能力的全面发展、创新意识的萌发和实践习惯的养成有极其重要的作用。实验教学是培养学生创新能力和优良素质的有利手段，是提高教学质量的关键。

无机化学实验是化学、生物、药学等专业学生进入大学后接触到的第一门实验课程。它对培养大学生对实验课的正确认识、科学的思维方式、良好的实验习惯以及保障后续实验课程的有效开展起着至关重要的作用。为深化高等教育改革，提高教学质量，培养适应21世纪社会发展需要的人才，本教材在编写过程中借鉴当前无机化学实验教学研究的最新成果，结合自身教学实践，以培养学生良好的实验习惯、科学的思维方式和创新能力为基本要求，对教学内容体系进行优化整合。

本教材注重与理论教材的相互融合及互补，使实验课程与理论课程既自成体系，又互为依托、相辅相成，并注意实验课程和实验教材自身的衔接，强调系统性与相对独立性。本书从化学学科的内在规律出发，以无机化学实验的基本原理、基本方法与基本技能为教学主线，按照"基本实验—综合性实验—设计性实验"三个层次编写，突出化学实验教学体系的基础性、系统性和整体性。全书分为实验基础知识、基本操作实验、基本原理实验、元素性质实验、综合性实验和设计性实验等六部分。实验内容的选择上突出基础性，并对一些实验项目进行了微型化探索。

本书可作为化学类、生物类、药学类等相关专业的实验教材。本书由山东第一医科大学张倩老师和孙红老师主编，参编人员有山东第一医科大学无机化学教研室全体老师、基础化学实验室部分老师、山东师范学院的董丽花老师和泰山学院的刘晶静老师。本教材编写过程中参考了一些已出版的文献资料，在此对相关作者表示感谢。

由于编者水平有限，书中难免有疏漏和不足之处，敬请广大师生提出宝贵意见。

编者
2016 年 3 月

目　录

第一部分

化学实验基础知识

一、无机化学实验的教学目的

无机化学实验是一门实践性基础课程，是医学、药学、生物、化学等相关专业大学生的第一门实验必修课。本课程的主要任务是加强学生化学基础理论、基本知识和基本技能的训练，为学生学习后继课程奠定必要的化学实验基础，也为学生毕业后从事专业工作及进行科学研究提供更多的分析问题和解决问题的思路和方法。

无机化学实验的研究对象可概括为：以实验为手段来了解基础化学中的重要原理、元素及其化合物的性质、无机化合物的制备、分离纯化及分析鉴定等。通过无机化学实验课，学生应受到以下训练。

① 使课堂中讲授的重要理论和概念得到验证、巩固和充实，并适当地扩大知识面。无机化学实验不仅能使理论知识具体化、形象化，并且能说明这些理论和规律在应用时的条件、范围和方法，较全面地反映化学研究的复杂性和多样性。

② 培养学生掌握正确的实验操作技能。具有正确规范的操作，才能保证获得准确的数据和结果，从而才能得出正确的结论。因此，化学实验中的基本操作训练具有极其重要的意义。

③ 培养学生独立思考和独立工作的能力。学生通过实验培养灵活运用化学理论知识和方法的能力，提高细致观察和分析实验现象、认真处理实验数据、善于概括归纳总结内在规律的研究素质。学生能够正确运用基础理论知识，指导和处理实验中发现的具体问题。

④ 培养学生科学的工作态度和习惯。科学的工作态度是指实事求是的作风，忠实于所观察到的客观现象。当发现实验现象与理论不符时，应及时检查操作是否正确或所涉及的理论运用是否合适等。科学的工作习惯是指操作正确、观察细致、安排合理等，这些都是做好实验研究工作必备的重要素质。

二、无机化学实验的学习方法

无机化学实验是在教师的正确引导下由学生独立完成的，因此实验效果的优劣与学习态度和学习方法密切相关。对于无机化学实验的学习方法，应抓住以下三个重要环节。

1. 预习

实验前预习是必要的准备工作，是做好实验的前提。这个环节必须足够重视，如果不预习，对实验目的、要求和内容不清楚，不允许进行实验。实验前任课教师要检查每个学生的预习情况，查看学生的预习笔记，对没有预习或预习不合格者，任课教师有权不让其参加本次实验。

实验预习要求学生认真阅读实验教材及相关参考资料，明确实验目的、理解实验原理、熟悉实验内容、掌握实验方法、牢记实验中有关注意事项，在此基础上简明、扼要地写出预习报告；预习报告应包括简要的实验目的、实验原理、实验步骤与操作、测量数据记录的表格、定量实验的计算公式等，而且要留有记录实验现象和测量数据的充足位置。

实验开始前按时到达实验室，专心听指导教师的讲解，迟到 15min 以上者禁止进行此次实验。

2. 操作

实验操作是实验课的主要内容，必须认真、独立地完成。在实验操作过程中，必须做到以下几点。

①"看" 仔细观察实验现象，包括气体的产生，沉淀的生成，颜色的变化及温度、压力、流量等参数的变化。

②"想" 开动脑筋仔细研究实验中产生的现象，分析、解决问题，对感性认识作出理性分析，找出正确的实验方法，逐步提高思维能力。

③"做" 带着思考的结果动手进行实验，从而学会实验基本方法与操作技能，培养动手能力。

④"记" 善于及时记录实验现象与数据，养成把数据准确、及时记录下来的良好实验习惯。

⑤"论" 善于对实验中产生的现象进行理性讨论，提倡学生之间或师生之间的讨论，提高每次实验的效率及认知的深度。

另外，实验中自觉养成良好的科学习惯，遵守实验室规则，实验过程中始终保持桌面布局合理，环境整洁。

3. 实验报告

实验结束后，认真概括和总结本次实验，写好实验报告。

一份合格的实验报告应包括以下几方面内容。

① 实验名称、日期。

② 实验目的：写明对本实验的要求。

③ 实验原理：简述实验的基本原理及反应方程式。

④ 实验内容：实验内容是学生实际操作的简述，尽量用表格、箭头、框图或符号等形式简洁明了地表达实验进行的过程，避免完全照抄书本。

⑤ 实验现象和数据记录：实验现象要表达正确，数据记录要完整，绝对不允许主观臆造、抄袭他人的数据，若发现主观臆造或抄袭者严加查处。

⑥ 解释、结论或数据计算：对现象加以明确的解释，写出主要反应方程式，分标题小结或者最后得出结论，数据计算要表达清晰，有效数字要规范。

⑦ 问题讨论：针对实验中遇到的疑难问题提出自己的见解。定量实验应分析误差产生的原因。也可以对实验方法、实验内容提出意见或者建议。

每次实验报告应在下次实验前连同实验原始记录一起交给带教老师。

三、无机化学实验室安全知识

无机化学实验室是学习、研究化学问题的重要场所。在实验室中，经常接触到各种化学药品和仪器。实验室常常潜藏着诸如发生爆炸、着火、中毒、灼伤、割伤、触电等事故的危险。因此，实验者必须特别重视实验室安全。

1. 无机化学实验守则

① 实验前认真预习，明确实验目的，了解实验原理，熟悉实验内容、方法和步骤。

② 严格遵守实验室的规章制度。听从教师的指导，实验中要保持安静，有条不紊。保持实验室的整洁。

③ 实验中要规范操作，仔细观察，认真思考，如实记录。

④ 爱护仪器，节约水、电、煤气和试剂。精密仪器使用后要在登记本上记录使用情况，并经教师检查认可。

⑤ 凡涉及有毒气体的实验，都应在通风橱中进行。

⑥ 废纸、火柴梗、碎玻璃和各种废液倒入废物桶或其它规定的回收容器中。

⑦ 损坏仪器应填写仪器破损单，并按规定进行赔偿。

⑧ 发生意外事故应保持镇静，立即报告教师，及时处理。

⑨ 实验完毕，整理好仪器、药品和台面，清扫实验室，关好煤气、门、窗。

⑩ 根据原始记录，独立完成实验报告。

2. 危险品的使用

① 浓酸和浓碱具有强腐蚀性，注意不要洒在皮肤或衣物上，废液应倒入废液缸中，但酸碱不要混合，以免酸碱中和产生大量的热而发生危险。

② 强氧化剂（如高氯酸、氯酸钾等）及其混合物（氯酸钾与红磷、碳、硫等的混合物）不能研磨或撞击，否则易发生爆炸。

③ 银氨溶液放久后会变成氮化银而引起爆炸，因此用剩的银氨溶液应及时处理。

④ 活泼金属钾、钠等不要与水接触或暴露在空气中，应将它们保存在煤油中，用镊子取用。

⑤ 白磷有剧毒，并能灼伤皮肤，切勿与人体接触。白磷在空气中易自燃，应保存在水中。取用时，应在水下进行切割，用镊子夹取。

⑥ 氢气与空气的混合物遇火能发生爆炸，因此产生氢气的装置要远离明火。点燃氢气前，必须先检查氢气的纯度。进行产生大量氢气的实验时，应把废气通至室外，并注意室内的通风。

⑦ 有机溶剂（乙醇、乙醚、苯、丙酮等）易燃，使用时一定要远离明火。用后要把瓶塞塞紧，放在阴凉的地方，最好放入砂桶内。

⑧ 进行能产生有害气体（如氟化氢、硫化氢、氯气、一氧化碳、二氧化碳、二氧化氮、二氧化硫、溴等）的反应及加热盐酸、硝酸和硫酸时，均应在通风橱中进行。

⑨ 汞易挥发，在人体内会积累起来，引起慢性中毒。为了减少汞液面的蒸发，可在汞液面上覆盖化学液体：甘油的效果最好，5% Na_2S 溶液次之，水的效果最差。溅落的汞应尽量用毛刷蘸水收集起来，直径大于 1mm 的汞颗粒可用吸气球或真空泵抽吸的捡汞器收集起来。撒落过汞的地方可以撒上多硫化钙、硫黄粉、漂白粉或喷洒药品使汞生成不挥发的难溶盐，并要扫除干净。可溶性汞盐、铬的化合物、氰化物、砷盐、锑盐、镉盐和钡盐都有毒，不得进入口内或接触伤口，其废液也不能倒入下水道，应统一回收处理。

3. 化学中毒和化学灼伤事故的预防

① 保护好眼睛。防止眼睛受刺激性气体的熏染，防止任何化学药品特别是强酸、强碱以及玻璃屑等异物进入眼内。

② 禁止用手直接取用任何化学药品。使用有毒化学药品时，除用药匙、量器外，必须戴橡胶手套，实验后马上清洗仪器用具，并立即用肥皂洗手。

③ 尽量避免吸入任何药品和溶剂的蒸气。处理具有刺激性、恶臭和有毒的化学药品时，如 H_2S、NO_2、Cl_2、Br_2、CO、SO_2、HCl、HF、浓硝酸、发烟硫酸、浓盐酸、乙酰氯等，必须在通风橱中进行。通风橱开启后，不要把头伸入橱内，并保持实验室通风良好。

④ 严禁在酸性介质中使用氰化物。

⑤ 用移液管、吸量管移取液体时，严禁用口吸取，应该用洗耳球吸取。严禁冒险品尝药品试剂，不得用鼻子直接嗅气体，而是用手向鼻孔扇入少量气体。

⑥ 实验室内禁止吸烟进食，禁止穿拖鞋。

4. 一般伤害的救护

① 割伤 可用消毒棉棒把伤口清理干净，若有玻璃碎片需小心挑出，然后涂以紫药水等抗菌药物消炎并包扎。

② 烫伤 一旦被火焰、蒸汽、红热的玻璃或铁器等烫伤时，立即将伤处用大量水冲洗，以迅速降温避免深度烧伤。若起水泡，不宜挑破，用纱布包扎后送医院治疗；对轻微烫伤，可用浓高锰酸钾溶液润湿伤口至皮肤变为棕色，然后涂上烫伤膏。

③ 受酸腐蚀 先用大量水冲洗，以免深度烧伤，再用饱和碳酸氢钠溶液或稀氨水冲洗，最后再用水冲洗。如果酸溅入眼内也用此法，只是将碳酸氢钠溶液改用1％的浓度，禁用稀氨水。

④ 受碱腐蚀 先用大量水冲洗，再用乙酸（$20g\cdot L^{-1}$）洗，最后用水冲洗。如果碱溅入眼内，可用硼酸溶液洗，再用水洗。

⑤ 受溴灼伤 这是很危险的。被溴灼伤后的伤口一般不易愈合，必须严加防范。凡用溴时都必须预先配制好适量的20％的 $Na_2S_2O_3$ 溶液备用。一旦有溴沾到皮肤上，立即用 $Na_2S_2O_3$ 溶液冲洗，再用大量的水冲洗干净，包上消毒纱布后就医。

⑥ 白磷灼伤 用1％的硝酸银溶液、1％的硫酸铜溶液或浓高锰酸钾溶液洗后进行包扎。

⑦ 吸入刺激性气体 可吸入少量酒精和乙醚的混合蒸气，然后到室外呼吸新鲜空气。

⑧ 毒物进入口内 把5～10mL的稀硫酸铜溶液加入一杯温水中，内服后用手伸入咽喉促使呕吐，吐出毒物，再送医院治疗。

5. 灭火常识

实验室内万一着火，要根据起火原因和火场周围的情况来处理，不要慌张，一般应立即采取以下措施。

① 防止火势扩展 停止加热，停止通风，关闭电闸，移走一切可燃物。

② 扑灭火源 一般的小火可用湿布、石棉布或砂土掩盖在着火的物体上；能与水发生剧烈作用的化学药品（如金属钠）或比水轻的有机溶剂着火，不能用水扑救，否则会引起更大的火灾，应使用合适的灭火器扑灭。

6. 实验室急救药箱

为了对实验室的意外事故进行紧急处理，每个实验室应配备一个急救药箱，药箱内可准备如表1-1所列药品和工具。

表 1-1　急救药箱中药品和工具

紫药水	碳酸氢钠溶液（饱和）	饱和硼酸溶液
獾油或烫伤膏	乙酸溶液（2%）	氨水（5%）
碘酒（3%）	硫酸铜溶液（5%）	高锰酸钾晶体（需要时再配成溶液）
消炎粉	氯化铁溶液（止血剂）	甘油
凡士林	消毒棉	氧化锌橡皮膏
绷带	棉签	剪刀
纱布	创可贴	

四、实验室“三废”的处理

根据绿色化学的基本原则，化学实验室应尽可能选择开设对环境无毒害的实验项目。对确实无法避免的实验项目如果排放出废气、废液和废渣（这些废弃物又称“三废”），如果对其不加处理而任意排放，不仅污染周围空气、水源和环境，造成公害，而且“三废”中的有用或贵重的成分未能回收，在经济上也是个损失。因此化学实验室“三废”的处理问题是很重要而又有意义的问题。

化学实验室的环境保护应该规范化、制度化，应对每次实验产生的废气、废渣和废液进行处理。要求教师和学生按照国家要求的排放标准进行处理，把用过的酸类、碱类、盐类等各种废液、废渣，分别倒入各自的回收容器内，再根据各类废弃物的特性，分别采取中和、吸收、燃烧、回收循环利用等方法来进行处理。

1. 废气

实验室中凡可能产生有害废气的操作都应在有通风装置的条件下进行，如加热酸、碱溶液及产生少量有毒气体的实验等应在通风橱中进行。汞的操作室必须有良好的全室通风装置，其抽风口通常在墙的下部。实验室若排放毒性大且较多的气体，可参考工业上废气处理的办法，在排放废气之前，采用吸附、吸收、氧化、分解等方法进行预处理。

2. 废液

① 化学实验室产生的废弃物很多，但以废溶液为主。实验室产生的废溶液种类繁多且组成变化大，应根据溶液的性质分别处理。废酸液可先用耐酸塑料网纱或玻璃纤维过滤，滤液加碱中和，调 pH 至 6～8 后就可排出，少量滤渣可埋于地下。

② 废铬酸洗液可用高锰酸钾氧化法使其再生后使用。少量的废铬酸洗液可加废碱液或石灰使其生成 $Cr(OH)_3$ 沉淀，将沉淀埋于地下即可。

③ 氰化物是剧毒物质，少量的含氰废液可先加 NaOH 调至 pH>10，再加入几滴高锰酸钾使氰化物氧化分解。

④ 含汞盐的废液先调 pH 至 8～10，然后加入过量的 Na_2S，使其生成 HgS 沉淀，并加 $FeSO_4$ 与过量 S^{2-} 反应生成 FeS 沉淀，从而吸附 HgS 共沉淀下来并离心分离，清液含汞量降到 $0.02mg \cdot L^{-1}$ 以下，可排放。少量残渣可埋于地下，大量残渣可用焙烧法回收汞，但注意一定要在通风橱中进行。

⑤ 含重金属离子的废液，最有效和最经济的方法是加碱或加 Na_2S 把重金属离子变成难溶性的氢氧化物或硫化物而沉积下来，过滤后，残渣可埋于地下。

3．废渣

实验室产生的有害固体废渣虽然不多，但绝不能将其与生活垃圾混倒。固体废弃物经回收、提取有用物质后，方可对其做最终的安全处理。

① 化学稳定　对少量高危险性物质（如放射性废弃物等），可将其通过物理或化学的方法进行（玻璃、水泥、岩石的）固化，再进行深地填埋。

② 土地填埋　这是许多国家作为固体废弃物最终处置的主要方法。要求被填埋的废弃物应是惰性物质或能经微生物分解成为无害物质。填埋场地应远离水场，场地底土不透水，不能穿入地下水层。填埋场地可改建为公园或草地。因此，这是一项综合性的环保工程技术。

五、实验误差与数据处理

1．误差

化学是一门实验科学，常常要进行许多定量测定，然后由实验测得的数据经过计算得到分析结果。结果的准确与否是一个很重要的问题。不准确的分析结果往往导致错误的结论。在任何一种测量中，无论所用仪器多么精密、测量方法多么完善、测量过程多么精细，测量结果总是不可避免地带有误差。测量过程中，即使是技术非常娴熟的人，用同一种方法，对同一试样进行多次测量，也不可能得到完全一致的结果。这就是说，绝对准确是没有的，误差是客观存在的。实验时应根据实际情况正确测量、记录并处理实验数据，使分析结果达到一定的准确度。

在实验测定中，导致误差产生的原因有许多。根据其性质的不同，可以分为系统误差、偶然误差和过失误差三大类。

（1）系统误差

系统误差是由分析时某些固定的原因造成的。在同一条件下重复测定时，它会重复出现，其大小和正负往往可以通过实验测定，从而对此加以校正，因此，系统误差又称可测误差。系统误差产生的原因主要有以下几种。

① 方法误差　由于分析方法本身不够完善而引起的误差。例如，滴定分析反应进行不完全、有干扰物质存在、滴定终点与化学计量点不一致以及有其它反应发生等，都会产生方法误差。

② 仪器或试剂误差　由于测定时所用仪器不够准确而引起的误差称为仪器误差。例如，分析天平砝码生锈或质量不准确、容量器具和仪器刻度不准确等都会产生此种误差。测定时，所用试剂或蒸馏水中含有微量杂质或干扰物质而引起的误差称为试剂误差。

③ 操作误差　在正常情况下由于主观因素造成的误差。例如滴定管的读数偏高或偏低，操作者对颜色的敏感程度不同造成辨别滴定终点颜色偏深或偏浅等。

（2）偶然误差

偶然误差又称随机误差，是由一些难以预料的偶然外因引起的，如分析测定中环境的温度、湿度、气压的微小变动以及电压和仪器性能的微小改变等都会引起测定数据的波动而产生随机误差。它的数值的大小、正负都难以控制，但服从统计规律，即大随机误差出现的概率小，小随机误差出现的概率大，绝对值相同的正、负随机误差出现的概率大体相等，它们之间常能相互完全或部分抵消。所以随机误差不能通过校正的方法来减小或消除，但可通过增加平行测定次数来减小测量结果的随机误差。在消除系统误差的前提下，用多次测定结果的平均值代替真实值，就保证了结果的准确。

（3）过失误差

过失误差是由于分析人员的粗心大意或不按操作规程操作而产生的误差。如看错砝码、读错刻度、加错试剂，以及记录和计算出错等。这类误差一般无规律可循，只有认真仔细、严谨地工作和加强责任心、提高操作水平，才可避免过失误差。在分析工作中，遇到这类明显错误的测定数据应坚决弃去。

2. 准确度与精密度

绝对准确的实验结果是无法得到的。准确度表示实验结果与真实值接近的程度。精密度表示在相同条件下，对同一样品平行测定几次，各次分析结果相互接近的程度。如果几次测定结果数值比较接近，说明测定结果的精密度高。

精密度高准确度不一定高。例如甲、乙、丙 3 人，同时分析测定一瓶盐酸溶液的浓度（应为 0.1108），测定 3 次的结果如下：

$$
甲：\begin{cases} 0.1122 \\ 0.1121 \\ 0.1123 \end{cases} \qquad 乙：\begin{cases} 0.1121 \\ 0.1100 \\ 0.1142 \end{cases} \qquad 丙：\begin{cases} 0.1106 \\ 0.1107 \\ 0.1105 \end{cases}
$$

平均值：	0.1122	0.1121	0.1106
真实值：	0.1108	0.1108	0.1108
差　值：	0.0014	0.0013	0.0002
	精密度好	精密度差	精密度好
	准确度差	准确度差	准确度好

从上例可以看出，精密度高不一定准确度高，而准确度高一定要精密度高，否则，测得的数据相差很多，根本不可信，这样的结果无法讨论准确度。

由于实际上真实值不知道，通常是进行多次平行分析，求得其算术平均值，以此作为真实值，或者以公认的手册上的数据作为真实值。

准确度的高低用误差（E）表示：

$$E = 测定值 - 真实值$$

当测定值大于真实值，误差为正值，表示测定结果偏高；反之，为负值，表示测定结果偏低。

误差可用绝对误差和相对误差来表示。绝对误差表示测定值与真实值之差，相对误差是指误差在真实值中所占的百分率。例如，上述测定盐酸的误差为：

$$绝对误差 = 0.1106 - 0.1108 = -0.0002$$

$$相对误差 = \frac{-0.0002}{0.1108} \times 100\% = -0.2\%$$

偏差用来衡量所得分析结果的精密度。单次测定结果的偏差（d）用该测定值（x）与其算术平均值（$\bar{x}$）之间的差来表示，也分为绝对偏差和相对偏差；

$$绝对偏差 \ d = x - \bar{x}$$

$$相对偏差 = \frac{d}{\bar{x}} \times 100\%$$

为了说明分析结果的精密度，可用平均偏差和相对平均偏差表示：

$$平均偏差 \ \bar{d} = \frac{|d_1| + |d_2| + \cdots + |d_n|}{n} = \frac{1}{n} \sum_{i=1}^{n} |x_i - \bar{x}|$$

$$相对平均偏差 = \frac{\bar{d}}{\bar{x}} \times 100\%$$

d_i 称为 i 次测量值的偏差 $(d_i = x - \bar{x}, \ i = 1, 2, \cdots, n)$。

用数理统计方法处理数据时，常用样本的标准偏差 S 和相对标准偏差 S_r 来衡量精密度：

$$S = \sqrt{\frac{\sum_{i=1}^{n}(x_i - \bar{x})^2}{n-1}} = \sqrt{\frac{\sum_{i=1}^{n} d_i^2}{n-1}}$$

$$S_r = \frac{S}{\bar{x}} \times 100\%$$

3. 有效数字

（1）有效数字的概念

有效数字是指在科学实验中实际能测量到的数字。在这个数字中，最后一位数是"可疑数字"（也是有效的），其余各位都是准确的。

有效数字与数学上的数字含义不同。它不仅表示量的大小，还表示测量结果的可靠程度，反映所用仪器和实验方法的准确度。

例如，需称取 $K_2Cr_2O_7$ 8.4g，有效数字为两位，这不仅说明 $K_2Cr_2O_7$ 的质量是 8.4g，而且表明用精密度为 0.1g 的台秤称量即可。若需称取 $K_2Cr_2O_7$ 8.4000g，则必须在精密度为 0.0001 的分析天平上称量。

所以，记录数据时不能随便写。任何超越或低于仪器准确限度的有效数字的数值都是不恰当的。

"0"在数字中的位置不同，其含义是不同的，有时算作有效数字，有时则不算。

① "0"在第一个非零数字前，仅起定位作用，本身不算有效数字。如 0.0124，数字"1"前面的两个"0"都不算有效数字，该数是三位有效数字。

② "0"在非零数字中间，算有效数字。如 4.006 中的两个"0"都是有效数字，该数是四位有效数字。

③ "0"在非零数字后，也算有效数字。如 0.0350 中，"5"后面的"0"是有效数字，该数是三位有效数字。

④ 以"0"结尾的正整数，有效数字位数不定。如 2500，其有效数字位数可能是两位、三位甚至是四位。这种情况应根据实际改写成科学记数法，如 2.5×10^3（两位有效数字），或 2.50×10^3（三位有效数字）等。

⑤ 对数尾数的有效数字与其真数的有效数字位数相同。如 pH $= 10.20$，其有效数字位数为两位，这是因为由 $[H^+] = 6.3 \times 10^{-11} \text{mol} \cdot L^{-1}$ 得来。

（2）数字的修约

在处理数据过程中，涉及各测量值的有效数字位数可能不同，因此需要按下面所述的运算规则，确定各测量值的有效数字位数。各测量值的有效数字位数确定以后，就要将它后面多余的数字舍弃。舍弃多余数字的过程称为"数字的修约"，目前一般采用"四舍六入五成双"规则。

规则规定：当测量值中被修约的数字等于或小于4时，该数字舍弃；等于或大于6时，进位；等于5时，若5后面跟非零的数字，进位；若5后面没有数字或5后面跟零时，按留双的原则，5前面数字是奇数，进位；5前面的数字是偶数时，舍弃。

根据这一规则，下列测量值修约成两位有效数字时，其结果应为

4.147 —→4.1   2.2623 —→2.3   1.4510 —→1.5

2.55 —→2.6   4.4500 —→4.4

（3）有效数字的运算规则

① 加减法 几个数据相加或相减时，有效数字的保留应以这几个数据中小数点位数最少的数字为依据。

如 $0.0231+12.56+1.0025=?$

由于每个数据中的最后一位数有±1的绝对误差，其中以12.56的绝对误差最大，和的结果中总的绝对误差值取决于该数，故有效数字位数应根据它来修约。

即修约成 $0.02+12.56+1.00=13.58$

② 乘除法 几个数据相乘或相除时，有效数字的位数应以这几个数据中相对误差最大的为依据，即根据有效数字位数最少的数来进行修约。

如 $0.0231\times12.56\times1.0025=?$

修约成 $0.0231\times12.6\times1.00=0.291$

有时在运算中为了避免修约数字间的累计，给最终结果带来误差，也可先运算后修约或修约时多保留一位数进行运算，最后再修约掉。

六、无机化学实验常用仪器及应用范围

无机化学实验常用仪器及应用范围见表1-2。

表1-2 常用仪器及应用范围

名称	规格	应用范围	注意事项
试管 离心试管 试管架	分硬质试管、软质试管、普通试管、离心试管几种 普通试管以(管口外径×长度)/mm 表示，离心试管以其容积/mL 表示	用作少量试液的反应容器，便于操作和观察 离心试管还可用于定性分析中的沉淀分离	①加热后不能骤冷，以防试管破裂 ②盛试液不超过试管的 $1/3\sim1/2$ ③加热时用试管夹持，管口不要对人，且要求不断摇动试管，使其受热均匀 ④小试管一般用水浴加热

名称	规格	应用范围	注意事项
烧杯	以容积表示。如 1000mL，600mL、400mL、250mL、100mL、50mL、25mL	反应容器 反应物较多时用，亦可溶解样品、配制溶液等	①可以加热至高温。使用时应注意勿使温度变化过于剧烈 ②加热时底部垫石棉网，使其受热均匀，一般不可烧干
锥形瓶(三角烧瓶)	以容积表示。如 500mL、250mL、100mL、50mL	反应容器 摇荡比较方便，适用于滴定操作	①可以加热。使用时应注意勿使温度变化过于剧烈 ②加热时底部垫石棉网，使其受热均匀 ③磨口三角瓶加热时要打开塞子
碘量瓶	以容积表示。如 250mL、100mL、50mL	用于碘量法或其它生成挥发性物质的定量分析	①塞子及瓶口边缘的磨砂部分注意勿擦伤，以免产生漏隙 ②滴定时打开塞子，用蒸馏水将瓶口及塞子上的碘液洗入瓶中
烧瓶	有平底和圆底之分，以容积表示。如 500mL、250mL、100mL、50mL	反应容器 反应物较多，且需要长时间加热时用	①可以加热。使用时应注意勿使温度变化过于剧烈 ②加热时底部垫石棉网或用各种加热套加热，使其受热均匀
蒸馏烧瓶　克氏蒸馏烧瓶	以容积/mL 表示	可用于液体蒸馏，也可用于制取少量气体，克氏蒸馏烧瓶最常用于减压蒸馏实验	加热时应放在石棉网上

名称	规格	应用范围	注意事项
 量筒　量杯	以所能量度的最大容积表示 量筒：如 250mL，100mL，50mL，25mL，10mL； 量杯：如 100mL，50mL，20mL，10mL	用于液体体积计量	① 不能加热 ② 沿壁加入或倒出溶液
 容量瓶	以容积表示。如：1000mL，500mL，250mL，100mL，50mL，25mL	配制准确体积的标准溶液或被测溶液	①不能加热 ② 不能在其中溶解固体 ③漏水的不能用 ④非标准的磨口塞要保持原配
 (a) (b) 滴定管架 (a) 碱式滴定管　(b) 酸式滴定管	滴定管分碱式滴定管(a)和酸式滴定管(b)两种，颜色有无色和棕色。以容积表示，如：50mL，25mL	滴定管用于滴定操作或精确量取一定体积的溶液 滴定管架用于夹持滴定管	①碱式滴定管盛碱性溶液，酸式滴定管盛酸性溶液，二者不能混用 ②碱式滴定管不能盛氧化剂 ③见光易分解的滴定液宜用棕色滴定管 ④酸式滴定管活塞应用橡皮筋固定，防止滑出摔碎 ⑤活塞要原配，漏水的不能使用
 (a) 吸量管　(b) 移液管	以所量取的最大容积表示 吸量管：如 10mL，5mL，2mL，1mL 移液管：如 50mL，25mL，10mL，5mL，2mL，1mL	用于精确量取一定体积的液体	不能加热

名称	规格	应用范围	注意事项
滴管	由尖嘴玻璃管与橡皮乳头构成	①吸取或滴加少量(数滴或1~2mL)液体 ②吸取沉淀的上层清液以分离沉淀	①滴加时,保持垂直,避免倾斜,尤忌倒立 ②管尖不可接触其它物体,以免沾污试剂
称量瓶 (a) 矮形　(b) 高形	分矮形(a)、高形(b),以外径×高表示。如高形 25mm×40mm,矮形 50mm×30mm	要求准确称取一定量的固体样品时用,矮形用作测定水分或在烘箱中烘干基准物;高形用于称量基准物、样品	①不能直接用火加热 ②盖与瓶配套,不能互换 ③不可盖紧磨口塞烘烤
试剂瓶 (a) 广口　(b) 细口	材料:玻璃或塑料。规格:分广口(a)、细口(b);无色、棕色。以容积表示。如:1000mL,500mL,250mL,125mL	广口瓶盛放固体试剂,细口瓶盛放液体试剂。棕色瓶用于存放见光易分解的试剂	①不能加热 ②取用试剂时,瓶盖应倒放在桌上 ③盛碱性物质要用橡皮塞或塑料瓶 ④不能在瓶内配制在操作过程中放出大量热量的溶液
滴瓶	有无色、棕色之分。以容积表示。如 125mL,60mL	盛放每次使用只需数滴的液体试剂	①见光易分解的试剂要用棕色瓶盛放 ②碱性试剂要用带橡皮塞的滴瓶盛放 ③其它使用注意事项同滴管 ④使用时切忌张冠李戴
长颈漏斗　漏斗	以口径和漏斗颈长短表示。如 6cm 长颈漏斗、4cm 短颈漏斗	长颈漏斗用于定量分析,过滤沉淀,短颈漏斗用作一般过滤	不能用火直接加热

名称	规格	应用范围	注意事项
分液漏斗 滴液漏斗	以容积和漏斗的形状（筒形、球形、梨形）表示。如100mL球形分液漏斗、60mL筒形滴液漏斗	①往反应体系中滴加较多的液体 ②分液漏斗用于互不相溶的液-液分离	活塞应用细绳系于漏斗颈上，或套以小橡皮圈，防止滑出摔碎
(a)直形 (b)空气 (c)球形 冷凝管	以口径表示	直形冷凝管适用于蒸馏物质的沸点在140℃以下 空气冷凝管适用于蒸馏物质的沸点高于140℃ 球形冷凝管适用于加热回流的实验	
表面皿	以直径表示。如15cm,12cm,9cm,7cm	盖在蒸发皿或烧杯上以免液体溅出或灰尘落入	不能用火直接加热,直径要略大于所盖容器
研钵	厚料制成。规格:以钵口径表示。如12cm,9cm	研磨固体物质时用	①不能作反应容器 ②只能研磨,不能敲击 ③不能烘烤
干燥器	以直径表示。如18cm,15cm,10cm;无色,棕色	①定量分析时,将灼烧过的坩埚置其中冷却 ②存放样品,以免样品吸收水汽	①灼烧过的物体放入干燥器前温度不能过高 ②使用前要检查干燥器内的干燥剂是否失效 ③磨口处涂适量凡士林

名称	规格	应用范围	注意事项
喷灯	材料:铜制和铁制	用于加热	
水浴锅	材料:铜制和铝制。水浴锅上的圆圈适于放置不同规格的器皿	用于要求受热均匀而温度不超过100℃的物体的加热	①注意不要把水浴锅烧干 ②严禁把水浴锅作砂浴盘使用
泥三角	材料:瓷管和铁丝。有大小之分	用于承放加热的坩埚和小蒸发皿	①灼烧的泥三角不要滴上冷水,以免瓷管破裂 ②选择泥三角时,要使搁在上面的坩埚所露出的上部,不超过本身高度的1/3
石棉网	材料:铁丝、石棉。以铁丝网边长表示。如15cm×15cm,20cm×20cm	加热玻璃反应容器时垫在容器的底部,能使加热均匀	不要与水接触,以免铁丝锈蚀、石棉脱落
双顶丝	材料:铁或铜制	用来把万能夹或烧瓶夹固定在铁架台的垂直圆铁杆上	

名称	规格	应用范围	注意事项
烧瓶夹	材料:铁或铜制	用于夹住烧瓶的瓶颈或冷凝管等玻璃仪器	头部套有耐热橡皮管以免夹碎玻璃仪器
烧杯夹	材料:镀镍铬的钢制品,头部绕石棉网	用于夹取热烧杯	
坩埚钳	材料:铁或铜合金,表面常镀镍、铬	夹持坩埚和坩埚盖	①不要和化学药品接触,以免腐蚀 ②放置时,应令其头部朝上,以免沾污 ③夹持高温坩埚时,钳尖需预热
试管夹	材料:竹制、钢丝制	用于夹拿试管	防止烧损(竹质)或锈蚀
移液管架	材料:硬木或塑料	用于放置各种规格的移液管及吸量管	

名称	规格	应用范围	注意事项
比色管架	材料:木制	用于放置比色管	
铁架台、铁环	材料:铁制品	用于固定放置反应容器。铁环上放置石棉网,可用于放被加热的烧杯等容器	
三脚架	材料:铁制品	放置较大或较重的加热容器	
试管刷	以大小和用途表示。如试管刷、烧杯刷	洗涤试管及其它仪器	洗涤试管时,要把前部的毛捏住放入试管,以免铁丝顶端将试管底戳破
药匙	材料:牛角或塑料	取固体试剂时用	①取少量固体时用小的一端 ②药匙大小的选择,应以盛取试剂后能放进容器口内为宜

名称	规格	应用范围	注意事项
 点滴板	材料:白色瓷板 规格:按凹穴数目分十六、九穴、六穴等	用于点滴反应,一般不需分离的沉淀反应,尤其是显色反应	①不能加热 ②不能用于含氢氟酸和浓碱溶液的反应
 蒸发皿	材料:瓷质 规格:分有柄、无柄,以容积表示。如:150mL,100mL,50mL	用于蒸发浓缩	可耐高温,能直接用火加热,高温时不能骤冷
 坩埚	材料:分瓷、石英、铁、银、镍、铂等 规格:以容积表示,如 50mL,40mL,30mL	用于灼烧固体	①灼烧时放在泥三角上,直接用火加热,不需用石棉网 ②取下的灼热坩埚不能直接放在桌上,要放在石棉网上 ③灼热的坩埚不能骤冷
 布氏漏斗	材料:瓷质	用于减压过滤	

七、无机化学实验基本操作

(一) 玻璃仪器的洗涤

(1) 洗涤要求

玻璃仪器洗涤干净的标准是仪器内壁水膜均匀分布,不附挂水珠,也不成股流下,洗净的仪器再用少量蒸馏水冲洗 2~3 次。

(2) 洗涤方法

① 刷洗　用毛刷蘸取去污粉或洗衣粉来回柔力刷洗仪器内壁。

② 洗液洗　此法适用于口小、管细的仪器，方法是加入少量洗液浸润仪器内部各部位，来回转动数圈后，将洗液倒回原瓶，再用水冲洗干净。若用洗液将仪器浸泡一段时间或采用热洗液洗涤，则效果更好。洗液（通常为铬酸洗液，具有强氧化性）可反复使用，若呈现绿色（重铬酸钾还原为硫酸铬的颜色），则失去去污能力。

（二）干燥

干燥的方法有多种，烘干、烤干、晾干、吹干和干燥剂法等不同的方法，可用于仪器干燥和样品干燥。

（1）烘干

① 将洗净的仪器放在电烘箱（图 1-1）内烘干（控制温度在 105℃ 左右恒温加热 30min）。

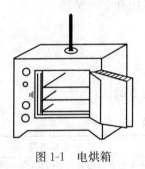

图 1-1　电烘箱　　　　　　　　　　图 1-2　烤干试管

② 仪器口朝下放时，要在烘箱底层放一搪瓷盘，防止水滴下与电炉丝接触而损坏烘箱。

③ 带有刻度的仪器不能用加热法进行干燥，否则会影响仪器精密度。

（2）烤干

① 常用的可加热耐高温仪器如烧杯、蒸发皿等可置于石棉网上用小火烤干（应先揩干其外壁）。

② 烤干试管时，管口应低于试管底部略向下倾斜（图 1-2），以免水珠倒流炸裂试管。加热时火焰不要集中于一个部位，应从底部开始，缓慢移至管口，如此反复至无水珠，再将管口向上赶净水汽。

（3）晾干

不急用的仪器洗净后倒置在干燥洁净的干燥板上，任其自然干燥。

（4）吹干

吹干法常用于带有刻度计量仪器的干燥。在吹干前先用乙醇、丙酮或乙醚等有机溶剂润湿内壁，以加快仪器干燥速度（图 1-3）。

（5）干燥器干燥

① 干燥器（图 1-4）常用于防止烘好的样品重新吸水，还可用于不适宜加热干燥的样品干燥。

② 普通干燥器底部放有干燥剂，干燥剂种类很多，常用硅胶、无水氯化钙等。无水硅胶呈蓝色，吸水后显红色即失效。但将其置于烘箱内烘干，硅胶变为蓝色后可重新使用。

图1-3　吹干法　　　　　　图1-4　干燥器　　　　　　图1-5　打开干燥器

③ 干燥器操作：左手扶住干燥器底部，右手沿水平方向移动盖子，即可将干燥器打开（图1-5）。打开后，应将盖子翻着放置，勿使涂有凡士林的磨口边触及桌面。放入或取出物品后，须将盖子沿水平方向推移盖好，使盖子的磨口边与干燥器相吻合。

易燃、易爆或受热后其成分易发生变化的有机物常采用真空干燥。

（三）试剂和试剂的取用方法

1. 一般化学试剂的分类

化学试剂按杂质含量的多少，通常分为四个等级（表1-3）。

表1-3　我国化学试剂等级

等级	名称	符号	标签颜色	应用范围
一	优级纯或保证试剂	GR	绿	用于精密分析和科学研究，作一级标准物质
二	分析纯或分析试剂	AR	红	用于定性和定量分析和科学研究
三	化学纯或化学试剂	CP	蓝	用于要求较低的分析实验和有机、无机实验
四	实验试剂	LR	黄或棕	普通实验和化学制备

2. 试剂的储存

固体试剂应装在广口瓶中，液体试剂和溶液常盛放于细口瓶或滴瓶中。见光易分解的试剂如 $AgNO_3$ 和 $KMnO_4$ 等应装在棕色瓶中。盛碱性溶液的试剂瓶要用橡皮塞。每个试剂瓶上都应贴标签，标明试剂名称、浓度和日期。有时在标签外部涂一薄层蜡来保护标签，使之长久使用。

3. 试剂的取用规则

（1）固体试剂的取用

① 用干净的药匙取用固体试剂，取出后立刻盖好瓶塞。

② 称量固体试剂时，多余的药品不能倒回原瓶，可放入指定回收容器中，以免将杂质混入原装瓶中。固体试剂的取法见图1-6。

③ 用台秤称取物体时，可用称量纸或表面皿（不能用滤纸）。具有腐蚀性、强氧化性或易潮解的固体应用烧杯或表面皿称量。

台秤（粗天平）（图1-7）能称准至0.1g，使用时操作步骤如下。

a. 零点调整：使用天平前需将游码置于游码标尺的零处，检查指针是否停在刻度盘的中间位置，如指针不在中间位置，可调节平衡调节螺母。

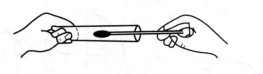

(a) 用药匙(容器要干燥)　　　　　　　　(b) 用纸槽

图 1-6　固体试剂的取法

b. 称重：被称物体不能直接放在天平盘上称重，应根据情况将称量物体放在称量纸上或表面皿上。潮湿或具有腐蚀性的药品应放在玻璃容器内称重。天平不能称热的物体。

图 1-7　粗天平（台秤）

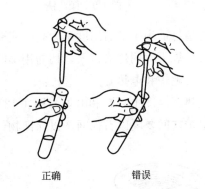

正确　　　　　错误

图 1-8　滴加法

称量时，左盘放被称量物体，右盘放砝码。增加砝码时用镊子按从大到小的顺序添加，5g 以内可移动游码，直至指针不摆动且指向刻度盘正中刻度时，砝码的质量加上游码所示的质量，就是称量物体的质量。

c. 称量完毕，应将砝码放回盒内，游码移至游标刻度尺"0"处，托盘叠放在一侧，以免天平摇动。

（2）液体试剂的取用

取用液体试剂具体方法有：滴加法（图 1-8）、倾注法（图 1-9）、用量筒量取（图 1-10）。

① 从滴瓶中取用试剂时，滴管不能触及所用容器器壁（图 1-8），以免沾污，滴管要专管专用，且不能倒置。

② 量取液体体积不要求十分准确时，可利用滴管滴数估计体积。

③ 取用细口瓶中的液体试剂时，瓶签面向手心，试剂应沿着洁净的容器壁或玻璃棒流入容器（图 1-9）。

④ 量取液体时，视线与所量取溶液体积的刻度线应和溶液弯月面最低处保持水平，偏高或偏低都会造成误差（图 1-10）。

（四）加热方法

实验室加热常用酒精灯、电炉、电热套、电烘箱、马弗炉等加热用具。

（1）酒精灯

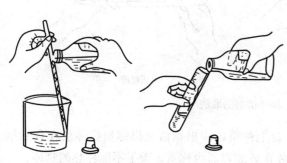

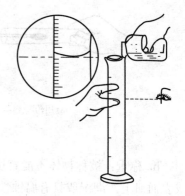

图 1-9　倾注法　　　　　　　　　　　　　　　　　　　图 1-10　用量筒量取

酒精灯适用于所需温度不太高的实验，使用时注意不能用另一个燃着的酒精灯点燃，以免着火。熄灭时用灯罩盖灭，切勿用嘴吹灭。

（2）电炉和电热套

电热套（图 1-11）和电炉（图 1-12）可代替酒精灯进行加热操作。使用电炉时加热容器和电炉之间要隔以石棉网，以保证物体受热均匀。

图 1-11　电热套　　　　　　　图 1-12　电炉　　　　　　　图 1-13　马弗炉

（3）马弗炉

马弗炉最高温度可达 900～1200℃，常用于固体物质的灼烧或高温条件下无机化合物的制备（图 1-13）。

（五）加热操作

① 用试管加热液体时，注意试管口不能朝向人体，管内溶液体积不能超过试管高度的 1/3。加热时，应注意使液体各部分受热均匀，先加热液体的中上部，再慢慢下移并不断振荡管内液体。

② 在试管中加热固体时，注意管口应略向下倾，以防管口冷凝的水珠倒流造成试管炸裂。

③ 加热烧杯或烧瓶时，所盛溶液体积不得超过烧杯容量的 1/2 和烧瓶容量的 1/3。加热时，注意搅拌液体，以防暴沸。

④ 当被加热物体要求受热均匀且温度不超过 100℃时，采用水浴加热（水浴锅内盛水量不得超过容积的 2/3），通过水传导热来加热器皿内液体。

⑤ 用油代替水加热被称为油浴。甘油浴，常用于 150℃ 以下的加热。液体石蜡浴，用于 200℃ 以下的加热。硅油浴，常用于 300℃ 以下的加热。棉籽油浴，常用于 323℃ 以下的

加热。

⑥ 将浴器内放置细砂，被加热器皿的下部埋于细砂中的加热方法称为砂浴（图1-14），用于400℃以下的加热。

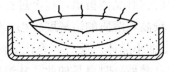

图1-14　砂浴加热

⑦ 在高温下，加热固体使之脱水或除去挥发物、烧去有机物等的操作称为灼烧。常用坩埚或蒸发皿。灼烧不需要石棉网，可直接置于火上操作。烧毕，取坩埚时，坩埚钳需预热。取下的坩埚应置于石棉网上，坩埚钳用后，注意将尖端朝上放置以保证洁净。

（六）固体的溶解、蒸发与结晶

（1）固体的溶解

选定某一溶剂溶解固体样品时，若固体颗粒较小，可直接溶解，若固体颗粒较大，应考虑对大颗粒固体进行粉碎、溶解过程中加热和搅拌等以加速溶解。

① 固体的粉碎　若固体颗粒较大时，在进行溶解前通常用研钵将固体粉碎。在研磨前，应先将研钵洗净擦干，加入不超过研钵总体积1/3的固体，缓慢沿一个方向进行研磨，最好不要在研钵中敲击固体样品。研磨过程中，可将已经研细的部分取出，过筛，较大的颗粒继续研磨。

② 溶剂的加入　为避免烧杯内溶液由于溅出而损失，加入溶剂时应通过玻璃棒使溶剂慢慢地流入。如溶解时会产生气体，应先加入少量水使固体样品润湿为糊状，用表面皿将烧杯盖好，用滴管将溶剂从烧杯嘴加入，以避免产生的气体将试样带出。

③ 加热　物质的溶解度受温度的影响，加热的目的主要在于加速溶解，应根据被加热物质稳定性的差异选用合适的加热方法。加热时要防止溶液的剧烈沸腾和迸溅，因此容器上方应该用表面皿盖住。溶解完停止加热以后，要用溶剂冲洗表面皿和容器内壁。另外，并不是加热对一切物质的溶解都有利，应该具体情况具体分析。

④ 搅拌　搅拌是加速溶解的一种有效方法，搅拌时手持玻璃棒并转动手腕，使玻璃棒在液体中均匀的转圈，注意转速不要太快，不要使玻璃棒碰到容器器壁发出响声。

（2）蒸发与浓缩

用加热的方法从溶液中除去部分溶剂，从而提高溶液的浓度或使溶质析出的操作叫蒸发。蒸发浓缩一般在水浴中进行，若溶液太稀且该物质对热稳定时，可先放在石棉网上直接加热蒸发，再用水浴蒸发。蒸发速度不仅与温度、溶剂的蒸气压有关，还与被蒸发液体的表面积有关。无机实验中常用的蒸发容器是蒸发皿，它能使被蒸发液体具有较大的表面积，有利于蒸发。使用蒸发皿蒸发液体时，蒸发皿内所盛液体体积不得超过总容量的2/3，若待蒸发液体较多时，可随着液体的被蒸发而不断添补。随着蒸发过程的进行，溶液浓度增加，蒸发到一定程度后冷却，就可析出晶体。当物质的溶解度较大且随温度的下降而变小时，只要蒸发到溶液出现晶膜即可停止；若物质溶解度随温度变化不大时，为了获得较多的晶体，需要在结晶膜出现后继续蒸发。但是由于晶膜妨碍继续蒸发，应不时地用玻璃棒将晶膜打碎。如果希望得到好的结晶（大晶体）时，则不宜过度浓缩。

（3）结晶与重结晶

当溶液蒸发到一定程度冷却后就有晶体析出，这个过程叫结晶。析出晶体颗粒的大小与外界环境条件有关，若溶液浓度较高，溶质的溶解度较小，快速冷却并加以搅拌（或用玻璃棒摩擦容器器壁），都有利于析出细小晶体。反之，若让溶液慢慢冷却或静置则有利于生成大晶体，特别是加入一小颗晶体（晶种）时更是如此。从纯度来看，快速生成小晶体时由于不易裹入母液及别的杂质而纯度较高，缓慢生长的大晶体纯度较低，但是晶体太小且大小不均匀时，会形成稠厚的糊状物，携带母液过多导致难以洗涤而影响纯度。因此晶体颗粒的大小要适中、均匀才有利于得到高纯度的晶体。

当第一次得到的晶体纯度不合要求时，重新加入尽可能少的溶剂溶解晶体，然后再蒸发、结晶、分离，得到纯度较高的晶体的操作过程叫重结晶，根据需要有时需要多次结晶。

进行重结晶操作时，溶剂的选择非常重要，只有被提纯的物质在所选的溶剂中具有高的溶解度和温度系数，才能使损失减少到最低水平，同时所选的溶剂对于杂质而言，或者是不溶解的，可通过热过滤而除去，或者是很易溶解的，溶液冷却时，杂质保留在母液中。

重结晶操作的一般步骤如下。

① 溶液的制备　根据待重结晶物质的溶解度，加入一定量所选定的溶剂（若溶解度大、温度系数大时，可加入少量某温度下可使固体全溶的溶剂，若溶解度和温度系数均小时，应多加溶剂），加热使其全溶。这个过程可能较长，不要随意添加溶剂，若需要脱色时，可加入一定量的活性炭。

② 热溶液过滤　若无不溶物此步可以省去，需要热过滤时，应防止在漏斗中结晶。

③ 冷却　为得到较好的晶体，一般情况下应缓慢冷却。

④ 抽滤　将固体和液体分离，选择合适的洗涤剂洗去杂质和溶剂，干燥。

（七）固液分离和沉淀洗涤方法

1. 倾析法

混悬液中沉淀物的密度或结晶的颗粒较大，静置后固液分层，常用倾析法将二者分离（图 1-15）。

此法用于沉淀的洗涤时，采用少量洗涤剂加入盛有沉淀的容器中，充分搅拌，静置沉降，倾析。重复操作 2～3 次。

图 1-15　倾析法

2. 过滤法

（1）常压过滤

根据所用漏斗大小和角度选择并折叠滤纸，以便使两者密合，润湿后无气泡存在。过滤时，先转移溶液，后转移沉淀，每次转移量不得超过滤纸高度的 2/3。如需洗涤沉淀，当上清液转移完毕后，于沉淀中加入少量洗涤剂，搅拌洗涤，静置沉降，过滤转移洗涤液，重复操作 2～3 次，最后将沉淀转移至滤纸上（图 1-16）。

（2）减压过滤

减压过滤是由于抽气泵抽气造成布氏漏斗内液面与抽滤瓶内的压力差，使过滤速度加快，沉淀物表面干燥（图 1-17）。抽滤用滤纸应略小于布氏漏斗的内径，润湿并抽气使二者紧贴，然后过滤。滤毕后先拔下抽气管，再关闭抽气泵以防止倒吸。

图 1-16 常压过滤

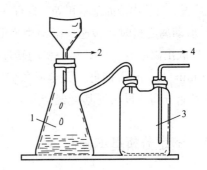

图 1-17 减压过滤

1—抽滤瓶；2—布氏漏斗；3—安全瓶；4—接抽气泵

浓强酸、强碱或强氧化性溶液过滤时，不能用滤纸。强酸或强氧化性溶液，可用砂芯漏斗过滤。常见规格有 1 号、2 号、3 号、4 号四种，1 号孔径最大。可根据沉淀颗粒不同来选择。

训练减压过滤法，需掌握五个要点：

① 抽滤用的滤纸应比布氏漏斗的内径略小一些，但又能把瓷孔全部覆盖；

② 布氏漏斗端的斜口应该面对（不是背对）抽滤瓶的支管；

③ 将滤纸放入漏斗并用蒸馏水润湿后，慢慢打开水泵，先抽气使滤纸贴紧，然后才能往漏斗内转移溶液；

④ 停止过滤时，应先拔去连接抽滤瓶的橡皮管，后关掉连接水泵的自来水开关；

⑤ 为使沉淀抽得更干，可用塞子或小烧杯底部紧压漏斗内的沉淀物。

（3）热过滤

如果溶液中的溶质在温度下降时容易析出大量结晶，而又不希望在过滤过程中留在滤纸上，这时就要趁热进行过滤。热过滤有普通热过滤和减压热过滤两种。普通热过滤是将普通漏斗放在铜质的热漏斗内，如图 1-18 所示，铜质热漏斗内装有热水，以维持必要的温度。减压热过滤是先将滤纸放在布氏漏斗内并润湿，再将它放在水浴上以热水或蒸汽加热，然后

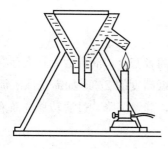

图 1-18　热过滤

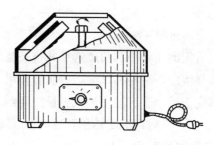

图 1-19　电动离心机

快速完成过滤操作。

3. 离心分离

试液中沉淀量很少时，可应用离心分离。常用仪器为电动离心机（图 1-19），电动离心机是高速旋转的，为避免发生危险，应按要求规范操作。

① 为避免离心管碰破，在离心机套管的底部垫上少许棉花，然后放入离心管。离心管要成对对位放置，且管内液面基本相等。只有一个样品时，应在对位上放一盛有等量水的离心管。

② 启动离心机时，转速要渐渐由慢到快。停止时，也要渐渐由快变慢，最后任其自行停止，再取出离心管。电动离心机的转速要视沉淀的性质而定，结晶形或致密形沉淀，大约 $1000\mathrm{r \cdot min^{-1}}$，2min 即可。无定形和疏松沉淀，转速应在 $2000\mathrm{r \cdot min^{-1}}$ 以上，经 4min 即可。如不能分离应设法促其凝聚，然后分离。

八、滴定分析基本操作

（一）吸量管和移液管的使用

① 使用前将吸量管或移液管依次用洗液、自来水、蒸馏水洗涤干净。用滤纸将管下端内外的水吸净，然后用少量被移取液洗涤 3 次，以保证被吸溶液浓度不变。

② 用移液管吸取溶液时，左手拿洗耳球，右手拇指及中指拿住管颈标线以上地方，将移液管尖端插入待取液中，吸至刻度以上，立即用右手的食指按住管口，取出移液管，微微放松食指并轻轻转动移液管，使移液管垂直，使液面缓缓下降至标线相切时，立刻按紧食指，将接受溶液的容器倾斜 45°角，管尖靠在接收器内壁上，等溶液全部流出后，稍等 10～15s，取出移液管。注意不能将留在管口的少量液体吹出，因为移液管校正时不包括此部分残留液（如图 1-20、图 1-21 所示）。

③ 吸量管吸取溶液的方法与移液管相似，不同之处在于吸量管能吸取不同体积的液体。用吸量管取溶液时，一般使液面从某一分刻度（一般最高线）落到另一分刻度，使两分刻度之间的体积恰好等于所需体积。

在吸量管上端刻有"吹"字或分刻度一直到口底部者，使用时末端一滴溶液要吹出，其体积才符合刻度标示的数值。另外，刻度有自上而下排列和自下而上排列两种情况，读取刻度时要十分注意。

④ 使用完毕，应将吸管洗净，放在管架上晾干，切勿烘烤。

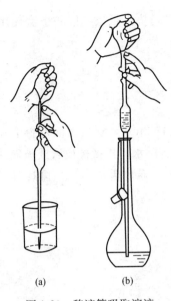

(a)　　　(b)

图 1-20　移液管吸取溶液

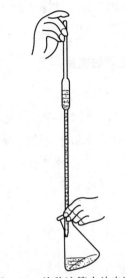

图 1-21　从移液管中放出溶液

（二）容量瓶的使用

① 使用前检查是否漏水。方法是：注入自来水至容量瓶标线附近，盖好瓶塞，左手食指按住瓶塞，右手拿住瓶底将瓶倒立，观察瓶塞周围是否有水渗出。若不漏水，旋转瓶塞180°，再倒置一次，符合要求后再洗涤至不挂水珠，方可使用（图1-22）。

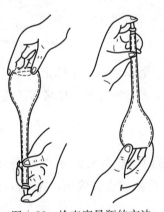

图 1-22　检查容量瓶的方法

图 1-23　溶液转入容量瓶的操作

② 用固体配制准确浓度的溶液。将准确称量的固体在烧杯中溶解（若溶解热较大需冷却）再转移到容量瓶中，操作方法见图1-23。然后用少量蒸馏水洗涤烧杯3～5次，洗涤液合并于容量瓶中，以确保溶质的定量转移。向容量瓶中加蒸馏水至2/3体积时，摇动容量瓶使之初步混匀（注意不能倒立），当加水接近标线时，可用滴管或洗瓶缓缓滴至溶液弯月面最低处恰好与标线相切。盖紧瓶塞，上下倒转容量瓶多次，使溶液充分混匀。

③ 溶液配好后，应转移到试剂瓶中，容量瓶一般不作试剂瓶用。试剂瓶要先用少量配

好的溶液冲洗 2～3 次，然后全部转入试剂瓶中。

④ 容量瓶用完后，洗净、晾干。在瓶口与玻璃塞之间垫以纸条，以防下次使用时塞子打不开。容量瓶不可用任何方式加热或烘烤。

（三）滴定管的使用

1. 检漏

在滴定管（图 1-24）中装蒸馏水至零刻度，直立放置 2min，观察液面是否下降。碱式滴定管应检查玻璃珠和橡皮管能否灵活控制溶液滴出。若漏水，更换橡皮管或玻璃珠。酸式滴定管检查活塞转动是否灵活，有无水渗出。如无漏水，旋转活塞 180°，再观察一次。若漏水需将活塞涂以凡士林。

(a) (b) (c)	(a) (b)
图 1-24　滴定管	图 1-25　活塞涂凡士林方法

（a）酸式滴定管；（b）、（c）碱式滴定管

涂凡士林方法：取出活塞用吸水纸擦干活塞和活塞槽，蘸取少量凡士林涂一薄层于活塞的粗端和活塞槽的细端内壁里（如图 1-25 所示）。操作中应注意勿将凡士林堵塞活塞孔。若凡士林堵住管尖，可将管尖插入四氯化碳中，使凡士林溶解。

2. 洗涤

一般用自来水冲洗后再用蒸馏水洗涤 2～3 次即可。若内壁挂有水珠可用洗液浸润后再冲洗。应注意的是，碱式滴定管的橡皮管不能接触洗液，可将橡皮管取下，在 NaOH 乙醇溶液中浸泡。

3. 装液

洗净的滴定管，先用待盛的滴定剂润洗 3 次，每次少量，同时让润洗液通过下端活塞口流出，以保证装入滴定管的滴定剂浓度不变。装入滴定剂至零刻度以上，此时滴定管下端常有气泡存在，需排出。可将酸式滴定管直立，迅速打开活塞，让溶液冲下即可排出气泡。碱式滴定管则用左手持乳胶管向上弯曲 45°，用左手拇指和食指挤推稍高于玻璃珠所在处，使溶液从管尖喷出而带出气泡，仍一边挤推乳胶管，一边把乳胶管放直，再松开手指，否则末端仍会有气泡，如图 1-26 所示，调节管内液面在 "0.00" 刻度附近，备用。

4. 滴定

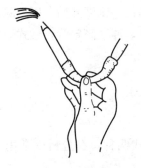

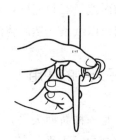

图 1-26　碱式滴定管排出气泡　　　　　　　　　图 1-27　左手转动活塞方法

滴定最好在锥形瓶或碘量瓶中进行，必要时可在烧杯中进行。滴定时将滴定管固定在滴定管架上。右手持锥形瓶，左手控制滴定管中液体的流速。酸式滴定管操作方法见图 1-27。左手拇指在管前面，食指和中指在管后面，三个手指拿住活塞柄，手指稍微弯曲，轻轻向内扣住活塞，注意手心空握，不能触及活塞，以免活塞松动或顶出。右手前三指拿住锥形瓶的颈部，让滴定管下端伸入瓶口约 1cm 处（如图 1-28 所示），边滴边摇，向同一方向做圆周运动。注意不要使瓶口碰撞滴定管。滴定速度一般可控制在每秒 3～4 滴，接近终点时，瓶中溶液局部变色，摇动后颜色消失，此时应改为加一滴摇一摇，待需摇 2～3 次后颜色才能消失时，即终点临近，可用洗瓶冲洗锥形瓶内壁，若仍未呈现终点颜色，可控制活塞，使其流出半滴，即悬而不落，再用洗瓶排出少量蒸馏水将液滴冲下，直到出现终点颜色。为了便于观察终点颜色变化，可在锥形瓶下面衬一白纸或白瓷板。

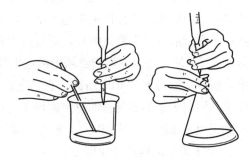

图 1-28　酸式滴定管操作　　　　　　　　　图 1-29　碱式滴定管操作

使用碱式滴定管时，用左手拇指和食指捏住玻璃珠侧上方，小指和无名指控制玻璃尖嘴，如图 1-29 所示，捏挤橡皮管，使橡皮管与玻璃珠之间形成缝隙，溶液即流出。通过捏力的大小，调节流量，但不宜用力过猛致使玻璃珠在橡皮管内上下移动，以免松开时进入空气。

5. 读数

读数不准确是滴定误差的主要来源之一。由于溶液的表面张力，滴定管内的液面呈弯月形。无色水溶液弯月面清晰，应读弯月面下缘的最低点，且视线应与之平行。有色溶液应读取弯月面上缘。在同一次滴定中，初读与终读应使用同一种读数方法。

读数时，滴定管应垂直悬空，注入或流出溶液后，需静置 1～2min，再读数。为使读数准确，可用一黑或白纸衬在滴定管后面。若使用白底蓝线滴定管应读取弯月面与蓝色尖端的交点。

　　滴定时,最好是每次均从"0.00"开始,或接近零的任一刻度开始,以消除因滴定管刻度不均带来的误差。实验完毕,弃去滴定管内剩余的溶液,冲洗滴定管,酸式滴定管在活塞槽与活塞之间垫以纸条,然后将滴定管倒置于滴定管架上。

九、电子天平的使用

　　电子天平是一种新型天平,常见的有直立式与顶载式两种,在分析中常用的是精度为0.1mg的直立式电子天平。

　　1. 称量原理

　　为了便于分析,将天平传感器的平衡结构简化为一杠杆,如图 1-30 所示。

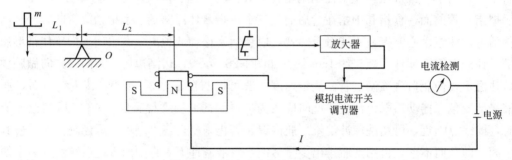

图 1-30　电子天平称量原理示意图

　　杠杆由支点 O 支撑,左边是秤盘,右边连接线圈及零位指示器。零位指示器置于一固定位置,天平空载时,杠杆始终趋于某一位置,即天平零点。当天平加载物体时,杠杆偏离零点,零点指示器产生偏差信号,通过放大和 PID(比例、积分、微分调节)来控制流入线圈的电流 I,使之增大,位于磁场中的通电线圈将产生电磁力 F,由于通电线圈位于恒定磁场中,所以电磁力 F 也相应增大,直到电磁力 F 的大小与加载物体的重量相等,偏差消除,杠杆重新回到天平的零点。即恒定磁场中通过线圈的电流强度 I 与被测物体的质量呈正比,只要测定流入线圈的电流强度 I,就可知被测物体的质量。

　　2. 电子天平的构造及使用方法

　　以上海恒平科学仪器有限公司生产的 FC204 型电子天平为例,简要介绍电子天平的使用方法。

　　FC204 型电子天平的外形结构如图 1-31 所示。

　　(1) 调整水平

　　观察水平仪,如水平仪水泡偏移,需调整水平调整脚,使水泡位于水平仪中心。

　　(2) 校准

　　天平安装后,第一次使用前,应对天平进行校准。因存放时间较长、位置移动、环境变化或为获得精确测量,天平在使用前一般都应进行校准操作。其具体方法如下:

　　① 接通电源将天平预热 30min;

　　② 从秤盘上取走任何加载物,按"TARE 键",清零;

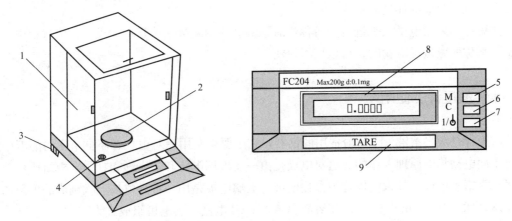

图 1-31　FC204 型电子天平的外形及控制板

1—天平门；2—天平盘；3—水平调整脚；4—水平泡；5—M 键；

6—C 键；7—1/O 键；8—显示屏；9—TARE 键

③ 待天平稳定后，按"C 键"，显示屏上显示 C 后，轻轻将校准砝码放置秤盘中央，关闭天平门；

④ 当听到"嘟"声后，即显示校准砝码值，然后取出砝码，天平校准完毕。

（3）称量

按"TARE 键"，显示为零后，置被称物于秤盘上，待数字稳定后，即可读取所称物品质量。

（4）去皮称量

按"TARE 键"清零，置容器于秤盘上，天平显示容器质量，再按"TARE 键"，显示为零即去皮重。再置被称物于容器中，或将被称物（粉末状物或液体）逐步加入容器中直至达到所需质量，这时显示的是被称物的净质量。将秤盘上所有物品拿走后，天平显示负值，按"TARE 键"，天平显示 0.0000g。

（5）结束工作

称量结束后，按"1/O 键"关闭显示器。如果当天不再使用天平，应拔下电源插头。

3. 称量方法

（1）增量法（直接法）

此法常用于称量不易吸水，在空气中稳定的试样。在分析天平容器中用药匙逐渐加入所要称量样品，天平数字显示屏一直处于增大状态，直到目标质量为止。

（2）减量法（差减法）

主要针对的是一些易挥发、易氧化或容易吸收空气中的水或二氧化碳等物质的样品，该样品应放在干燥密闭的器皿中，待称量时，将其放置于称量瓶中，先将称量瓶及药品总质量记录下来（取用时要注意，戴上手套或是用纸握住瓶盖和瓶身，以免手部汗渍等污染称量瓶，使之称量不准确），再用称量瓶盖子的侧面敲击称量瓶外壁口，药品用容器盛接，敲击出少量药品后，将称量瓶盖重新放到瓶身并保证密封（注意要回敲，即敲取一定药品后将未敲出的、粘在内壁磨口处的药品回敲回来，注意瓶盖不要沾污到药品，以免引入称量误差），用天平称量并读取读数，用最初读数减去当前天平读数就是现在已被敲击出的样品的质量，反复操作直到想取的样品质量为止。

注意：如果用电子天平进行分析称量时，则必须用减量法称量；如果在合成过程中，用电子天平称取微量反应物时，可以用增量法。

十、酸度计的使用

酸度计是测量溶液 pH 值最常用的仪器，它主要是利用一对电极在不同 pH 的溶液中能产生不同电动势的原理工作的。这对电极是由一支玻璃电极和一支饱和甘汞电极组成，玻璃电极称为指示电极，甘汞电极称为参比电极。玻璃电极是用一种导电玻璃吹制成的极薄的空心小球，球内有 $0.1 \text{mol} \cdot \text{L}^{-1}$ HCl 溶液和 Ag-AgCl 电极，其电极组成式为：

$$Ag(s) \mid AgCl(s) \mid HCl(0.1 \text{mol} \cdot \text{L}^{-1}) \mid 玻璃 \mid 待测溶液$$

玻璃电极的导电薄玻璃膜把两种溶液隔开，即有电势产生。小球内 H^+ 浓度是固定的，所以电极电势随待测溶液 pH 的不同而改变。在 298.15K 时，玻璃电极的电极电势为：

$$E_{玻璃} = E_{玻璃}^{\ominus} - 0.0592 \text{pH}$$

式中　$E_{玻璃}$——玻璃电极的电极电势；

　　　$E_{玻璃}^{\ominus}$——玻璃电极的标准电极电势。

测定时将玻璃电极和饱和甘汞电极插入待测溶液中组成原电池，并连接上电流表，即可测定出该原电池的电动势 E。

$$E = E_{正} - E_{负} = E_{甘汞} - E_{玻璃} = E_{甘汞} - E_{玻璃}^{\ominus} + 0.0592 \text{pH}$$

待测溶液的 pH 为：

$$\text{pH} = \frac{E - E_{甘汞} + E_{玻璃}^{\ominus}}{0.0592}$$

$E_{甘汞}$ 为一定值，如果 $E_{玻璃}^{\ominus}$ 已知，即可由原电池的电动势 E 求出待测溶液的 pH。$E_{玻璃}^{\ominus}$ 可以用一个已知 pH 的缓冲溶液代替待测溶液而求得。

酸度计一般是把测得的电动势直接用 pH 表示出来。为了方便起见，仪器加装了定位调节器，当测量 pH 已知的标准缓冲溶液时，利用调节器，把读数直接调节在标准缓冲溶液的pH 处。这样在以后测量待测液的 pH 时，指针就可以直接指示待测溶液的 pH，省去了计算手续。一般都把前一步称为"定位"，后一步称为"测量"。已经定位的酸度计，在一定时间内可以连续测量多个待测溶液。

温度对溶液的 pH 有影响，可根据 Nernst 方程予以校正，在酸度计中已装配有温度补偿器进行校正。

以 pHS-25C 型酸度计为例来简单介绍酸度计的使用，pHS 型数显酸度计是实验室用于测量 pH 值的高精度仪器，具有 pH 和 mV 双重功能。采用 E201 型复合电极，反应快，稳定性好，使用方便。该系列仪器广泛应用于科研、教学、工业、农业等许多领域。

pHS 型显酸度计的工作原理为：传感器（pH 复合电极）将水溶液中氢离子的活度转化成电能，电能输入给仪器，经运放、检流，经 A/D 转换成数字显示。

pHS-25C 型酸度计的仪器面板及旋钮如图 1-32 所示。

定位调节器：校准时根据设定温度值调节 pH6.86 标准缓冲溶液的数值。

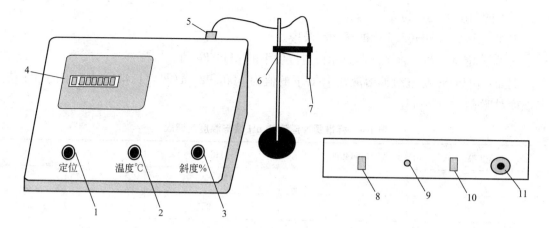

图 1-32 pHS-25C 型酸度计外形结构

1—定位调节器；2—温度补偿器；3—斜率调节器；4—显示屏；5,11—电极插孔；
6—电极夹；7—复合电极；8—电源开关；9—电源插孔；10—选择开关

温度补偿器：设定待测溶液的温度值。

斜率调节器：校准时根据设定温度值调节 pH4.00（或 pH9.18）标准缓冲溶液的数值。

电极插孔：连接 pH 复合电极或参比电极。

选择开关：选择测量 pH 值或 mV 值。

电源插孔：连接 9 V 直流稳压电源。

电源开关：打开或关闭仪器电源。

酸度计的使用方法如下：

1. 开机

① 将复合电极夹在电极夹上，拉下电极前端的电极套。

② 用蒸馏水冲洗电极，然后用滤纸吸干。

③ 接通仪器电源，打开电源开关，将仪器预热 15min。

2. 仪器校准

注意：第一次使用仪器或更换电池后必须进行校准。日常使用中，如果使用频率较高，建议每星期校准一次。如果使用频率不高，建议在使用前校准一次，这样测得的数据较准确。

校准注意事项：

① 标准缓冲溶液必须准确配制。

② 不能使用配制时间较长或已变质的标准缓冲溶液进行校准。

③ 电极从一种溶液中取出置入另一种溶液前，必须用蒸馏水进行冲洗并用滤纸吸干电极上的水珠。

校准步骤：

① 将仪器后面板的选择开关拨至 pH 挡。

② 用温度计测量标准缓冲溶液的温度值。

③ 调节仪器面板上的温度旋钮，使旋钮上的刻度线对准待测溶液的温度值。提示：仪

器面板上的温度刻度点为5℃一点。

④ 将电极置入 pH6.86 标准缓冲溶液中。

⑤ 调节定位旋钮，直至屏幕显示设置温度下的 pH6.86 值。

例如：pH6.86 标准缓冲溶液在 10℃下的值为 pH6.92。详见《标准缓冲溶液的 pH 值与温度对照表》（表1-4）。

表1-4　标准缓冲溶液的 pH 值与温度对照表

温度/℃	pH4.00	pH6.86	pH9.18
0	4.01	6.98	9.46
5	4.0	6.95	9.39
10	4.0	6.92	9.33
15	4.0	6.90	9.28
20	4.0	6.88	9.23
25	4.0	6.86	9.18
30	4.01	6.85	9.14
35	4.02	6.84	9.10
40	4.03	6.84	9.07
45	4.04	6.83	9.04
50	4.06	6.83	9.02
55	4.07	6.83	8.99
60	4.09	6.84	8.97
70	4.12	6.85	8.93
80	4.16	6.86	8.89
90	4.20	6.88	8.86
95	4.22	6.89	8.84

⑥ 将电极从 pH6.86 标准缓冲溶液中取出，用蒸馏水进行冲洗并用滤纸吸干电极上的水珠。

⑦ 将电极置入 pH4.00（或 pH9.18）标准缓冲溶液中。

说明：如果待测溶液为酸性液体，选用 pH4.00 标准缓冲溶液进行校准。如果待测溶液为碱性液体，选用 pH9.18 标准缓冲溶液进行校准。

⑧ 调节斜率旋钮，直至屏幕显示设置温度下的 pH4.00（或 pH9.18）的值。

例如：pH9.18 标准缓冲溶液在 10℃下的值为 pH9.33。详见《标准缓冲溶液的 pH 值与温度对照表》（表1-4）。

⑨ 重复④到⑧的步骤，直至仪器显示值符合两个标准缓冲溶液的 pH 值。

警告：仪器一旦校准完毕，定位及斜率旋钮不得再旋动，否则必须重新校准。

3. pH 值测量

已校准过的仪器，即可用来测量被测溶液的 pH。

① 用温度计测量待测溶液的温度值。

② 调节仪器面板上的温度旋钮，使旋钮上的刻度线对准待测溶液的温度值。

③ 将电极置入待测溶液中，轻轻摇动溶液使浓度均匀，待显示稳定后读出数值，测量完毕。

4. 电极与仪器的维护

① 仪器的电极接口必须保持干燥、清洁。

② pH 复合电极使用后应洗净并置于 $3mol \cdot L^{-1}$ 的饱和氯化钾溶液中。

③ pH 复合电极应避免长期浸泡在蒸馏水、蛋白质溶液和酸性氯化物溶液中。

十一、分光光度计的使用

分光光度计的基本原理：物质在光的照射下，对光产生了吸收，物质对光的吸收具有选择性。各种不同的物质都具有其各自的吸收光谱。因此，某种单色光通过溶液时，其能量就会因被吸收而减弱，光能量减弱的程度和物质的浓度有一定的比例关系，如图 1-33 所示，它们之间的定量依据是朗伯-比尔定律。物质吸收光的程度可以用吸光度 A 或透光率 T 表示。定义：

$$A = \lg \frac{I_0}{I} \qquad T = \frac{I}{I_0}$$

式中　I_0——入射光强度；

　　　I——透射光强度。

$$A = \lg \frac{1}{T}$$

朗伯-比尔定律的数学表达式为：

$$A = \varepsilon b c$$

式中　A——吸光度；

　　　c——溶液的浓度，$mol \cdot L^{-1}$；

　　　b——液层厚度，cm；

　　　ε——摩尔吸光系数，$L \cdot mol^{-1} \cdot cm^{-1}$。

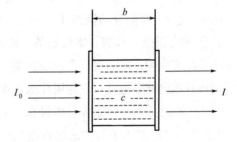

图 1-33　光吸收原理图

从以上公式可以看出，当入射光、吸光系数和液层厚度不变时，吸光度随溶液浓度的变化而变化。

分光光度计的基本原理是根据朗伯-比尔定律设计的。下面简单介绍两种常用的分光光度计的使用方法。

（一）22pc 型可见分光光度计

1. 仪器外形结构

22pc 型可见分光光度计外形结构如图 1-34 所示。

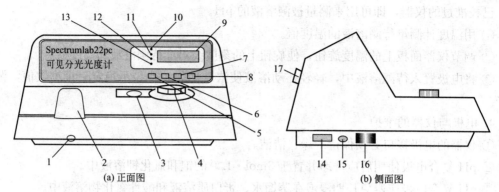

图 1-34　22pc 型可见分光光度计

1—试样槽架拉杆；2—样品室；3—波长显示窗；4—波长调节旋钮；5—模式键；

6—功能键；7—"↓/0％"键；8—"↑/100％"键；9—显示窗；10—"透射比"指示灯；

11—"吸光度"指示灯；12—"浓度因子"指示灯；13—"浓度直读"指示灯；14—电源插座；15—熔丝座；

16—电源开关；17—RS232C 串行接口插座

2. 22pc 可见分光光度计的使用方法

① 预热仪器　打开电源开关 16，显示窗 9 显示数字，预热 30min。

② 零点调整　打开暗箱盖或用不透光材料在样品室中遮断光路，然后按"↓/0％"键 7，即能自动调整零位。

③ 选择波长　使用波长调节旋钮 4，选择当前测试所需波长，具体波长由波长显示窗 3 显示，读出波长时目光要垂直观察。

④ 调节百分透光度　将空白液置于光路中，关闭暗箱盖（同时打开光门），按下"↑/100％"键 8，即能自动调整 $T=100\%$（一次有误差可加按一次）。

⑤ 确定滤光片位置　本仪器备有减少杂光、提高 340～380nm 波段光度准确性的滤波片，位于样品室内侧，用一拨杆来改变位置。当测试波长在 340～380nm 波段内如作高精度测试，可将拨杆推向前，通常可不使用此滤光片，可将拨杆置于 400～1000nm 位置。

⑥ 改变标尺　本仪器有四种标尺，各标尺间的转换用模式键 5 操作，由"透射比"，"吸光度"，"浓度因子"，"浓度直读"指示灯分别指示，开机初始状态为"透射比"，每按一次顺序循环。

⑦ 溶液测定　将待测液盛于比色皿并置于比色池中，关闭暗箱盖，轻轻拉动比色皿座架拉杆，使待测液进入光路，进行测定。测完后应打开暗箱盖，以免光电管疲劳。

试验完毕，切断电源，将比色皿洗涤干净并用软纸将比色皿与座架、暗箱擦净。

（二）752s 型紫外分光光度计

1. 仪器外形结构

752s 型紫外分光光度计仪器外形结构如图 1-35 所示。

2. 752s 型紫外分光光度计的使用方法

① 预热仪器　打开电源开关 16，显示窗 9 显示数字，预热 30min。

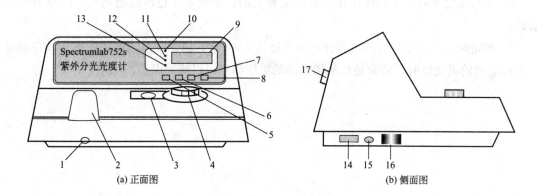

图 1-35 752s 型紫外分光光度计

1—试样槽架拉杆；2—样品室；3—波长显示窗；4—波长调节旋钮；5—模式键；

6—功能键；7—"↓/0％"键；8—"↑/100％"键；9—显示窗；10—"透射比"指示灯；

11—"吸光度"指示灯；12—"浓度因子"指示灯；13—"浓度直读"指示灯；14—电源插座；15—熔丝座；

16—电源开关；17—RS232C 串行接口插座

② 零点调整　打开暗箱盖或用不透光材料在样品室中遮断光路，然后按"↓/0％"键7，即能自动调整零位。

③ 选择波长　使用波长调节旋钮4，选择当前测试所需波长，具体波长由波长显示窗3显示，读出波长时目光要垂直观察。

④ 调节百分透光度　将空白液置于光路中，关闭暗箱盖（同时打开光门），按下"↑/100％"键8，即能自动调整 $T=100\%$（一次有误差可加按一次）。

⑤ 改变标尺　本仪器有四种标尺，各标尺间的转换用模式键5操作，由"透射比"，"吸光度"，"浓度因子"，"浓度直读"指示灯分别指示，开机初始状态为"透射比"，每按一次顺序循环。

⑥ 溶液测定　将待测液盛于比色皿并置于比色池中，关闭暗箱盖，轻轻拉动比色皿座架拉杆，使待测液进入光路，进行测定。测完后应打开暗箱盖，以免光电管疲劳。

试验完毕，切断电源，将比色皿洗涤干净并用软纸将比色皿与座架、暗箱擦净。

（三）分光光度计使用注意事项

① 工作环境　室温：5～35℃，室内相对湿度小于85％。安放在稳定的工作台上，避免震动，并避免阳光直射及强烈电磁场干扰，避免灰尘及腐蚀性气体。

② 清洁仪器外表时，宜用温水擦拭，切勿用乙醇、乙醚等有机溶剂，不使用时请加防尘罩。

③ 比色皿每次使用后都用石油醚清洗，并用镜头纸轻拭干净，存于比色皿盒中备用。不能用碱液或氧化性强的洗涤液洗比色皿，以免损坏。也不能用毛刷，以免损坏透光面。

④ 为了防止光电管疲劳，不测定时必须将比色皿暗箱盖打开，切断光路，以延长光电管的使用寿命。

⑤ 手拿比色皿时，手指捏住比色皿的毛玻璃面，不要碰比色皿的透光面，以免沾污及磨损。

⑥ 测定时，一定要用待测液将比色皿内壁洗 2～3 次，以保证溶液的浓度不变，在测定一系列溶液的吸光度时，通常是按从稀到浓的顺序测定，以减少误差。

第二部分

基本操作实验

实验 1　粗食盐的提纯与检验

【实验目的】

1. 学习提纯氯化钠的原理和 Ca^{2+}、Mg^{2+}、SO_4^{2-} 的鉴定方法。

2. 掌握过滤、转移、蒸发浓缩和减压过滤的基本操作。

【实验原理】

粗食盐中含有泥砂等不溶性杂质和 Ca^{2+}、Mg^{2+}、K^+、I^-、Br^-、SO_4^{2-} 等构成的卤化物、硫酸盐可溶性杂质。不溶性杂质可通过过滤除去；可溶性杂质可采用化学法，即加入某些化学试剂，使之转化为沉淀后过滤除去。具体方法如下。

将粗食盐溶于水，向其中加入稍过量的 $BaCl_2$ 溶液，使溶液中的 SO_4^{2-} 转化为 $BaSO_4$ 沉淀，过滤除去 $BaSO_4$ 和其它不溶性的杂质。

$$Ba^{2+} + SO_4^{2-} \longrightarrow BaSO_4 \downarrow （白色）$$

在滤液中依次加入适量的 $NaOH$ 和 Na_2CO_3 溶液，使溶液中的 Ca^{2+}、Mg^{2+} 以及过量的 Ba^{2+} 转化为沉淀，过滤，除去沉淀。

$$Mg^{2+} + 2OH^- \longrightarrow Mg(OH)_2 \downarrow （白色）$$

$$Ca^{2+} + CO_3^{2-} \longrightarrow CaCO_3 \downarrow （白色）$$

$$Ba^{2+} + CO_3^{2-} \longrightarrow BaCO_3 \downarrow （白色）$$

在滤液中加入适量盐酸，中和溶液中过量的 OH^- 和 CO_3^{2-}，使溶液呈微酸性。

$$H^+ + OH^- \longrightarrow H_2O$$

$$2H^+ + CO_3^{2-} \longrightarrow H_2O + CO_2 \uparrow$$

少量 KBr、KI 等可溶性杂质因含量少溶解度较大，在 $NaCl$ 结晶过程中仍留在母液中而被除掉。少量多余的盐酸，在干燥 $NaCl$ 时，会以 HCl 的形式逸出。

【仪器与试剂】

仪器：托盘天平，蒸发皿（125mL），烧杯（100mL），量筒（25mL），普通漏斗，水循环真空泵，布氏漏斗，抽滤瓶，试管 6 支，酒精灯，试管架，漏斗架，广泛 pH 试纸，火柴，称量纸，定性滤纸，石棉网，玻璃棒。

试剂：粗食盐，$BaCl_2$（$1.0mol \cdot L^{-1}$），$NaOH\text{-}Na_2CO_3$（$2.0mol \cdot L^{-1}$ $NaOH$ 溶液与饱和 Na_2CO_3 溶液等体积混合），$NaOH$（$2.0mol \cdot L^{-1}$），HCl（$6.0mol \cdot L^{-1}$），镁试剂，饱和 $(NH_4)_2C_2O_4$ 溶液。

【实验步骤】

1. 粗食盐的提纯

（1）粗盐的溶解

用托盘天平称取 5.0g 研细的粗食盐放入 100mL 的烧杯中，加入 20mL 蒸馏水，加热，搅拌使其溶解。

（2）除 SO_4^{2-}

继续加热溶解的粗盐溶液至沸腾，在不断搅拌下滴加 $1.0mol \cdot L^{-1}$ $BaCl_2$ 溶液约 1mL，继续加热 5min（注意补水），使沉淀颗粒长大易于过滤（注意补水）。然后将烧杯取下，待固液分层后，沿烧杯壁在上清液中滴加 2～3 滴 $1.0mol \cdot L^{-1}$ $BaCl_2$ 溶液，如果无浑浊，表明 SO_4^{2-} 已沉淀完全。如果有浑浊出现，应继续加热溶液并继续滴加 $BaCl_2$ 溶液，直至 SO_4^{2-} 沉淀完全为止。常压过滤，弃去沉淀。

（3）除 Ca^{2+}、Mg^{2+}、Ba^{2+} 等阳离子

将所得滤液加热近沸，边搅拌边滴加 $NaOH$-Na_2CO_3 混合溶液至溶液的 pH 值约为 11。常压过滤，弃去沉淀。

（4）用 HCl 溶液调整酸度除去剩余的 OH^- 和 CO_3^{2-}

向滤液中逐滴加入 $6.0mol \cdot L^{-1}$ HCl 溶液，直至溶液的 pH 值为 5～6（用 pH 试纸检验）。

（5）浓缩、结晶

将溶液倒入蒸发皿中，用小火加热蒸发，浓缩溶液至原体积的 1/4，冷却结晶，减压抽滤，用少量蒸馏水洗涤晶体，抽干。将 NaCl 晶体移入蒸发皿中，放在石棉网上，在玻璃棒不断搅拌下，用小火烘干。冷却后称量，计算产率。

2. 产品纯度检验

称取研细的粗食盐和产品各 0.5g，分别溶于 5mL 蒸馏水中，再各分为三等份盛在 6 支试管中，用下面的方法进行定性检验。

① SO_4^{2-} 的检验　分别向盛有粗食盐和产品溶液的 2 支试管中各滴加 2 滴 $1.0mol \cdot L^{-1}$ $BaCl_2$ 溶液，观察现象。

② Ca^{2+} 的检验　分别向盛有粗食盐和产品溶液的 2 支试管中各滴加 2 滴饱和 $(NH_4)_2C_2O_4$ 溶液，观察现象。

③ Mg^{2+} 的检验　分别向盛有粗食盐和产品溶液的 2 支试管中各滴加 5 滴 $2.0mol \cdot L^{-1}$ $NaOH$ 溶液和 2 滴镁试剂，观察有无天蓝色沉淀生成。

【问题与讨论】

1. 在除去 Ca^{2+}、Mg^{2+}、SO_4^{2-} 时，为什么不能先加入 Na_2CO_3 溶液和 $NaOH$ 溶液，然后再加入 $BaCl_2$ 溶液，不能颠倒顺序？

2. 为什么要向溶液中滴加盐酸并使之呈微酸性？

3. 在结晶浓缩时，为什么不能把结晶物蒸干？

【注意事项】

1. 镁试剂为对硝基苯偶氮间苯二酚，其结构式为：

镁试剂在碱性溶液中呈红色或紫红色，被 $Mg(OH)_2$ 吸附后呈现天蓝色。

2. $BaCl_2$ 溶液有毒！勿接触皮肤和入口。

实验 2　硝酸钾的制备与提纯

【实验目的】
1. 了解利用各种易溶盐在不同温度时溶解度的差异来制备易溶盐的原理和方法。
2. 学习结晶和重结晶的一般原理和操作方法。
3. 掌握减压过滤（包括热过滤）的基本操作。

【实验原理】
$$NaNO_3 + KCl \Longleftrightarrow NaCl + KNO_3$$

$NaNO_3$ 和 KCl 的混合溶液中，同时存在 Na^+、K^+、Cl^- 和 NO_3^- 四种离子。由它们组成的四种盐在不同温度下的溶解度不同（表 2-1、图 2-1）。

表 2-1　四种盐在不同温度下的溶解度

单位：$g \cdot (100g\ H_2O)^{-1}$

温度/℃ 名称	0	20	40	70	100
KNO_3	13.3	31.6	63.9	138.0	246.0
KCl	27.6	34.0	40.0	48.3	56.7
$NaNO_3$	73.0	88.0	104.0	136.0	180.0
NaCl	35.7	36.0	36.6	37.8	39.8

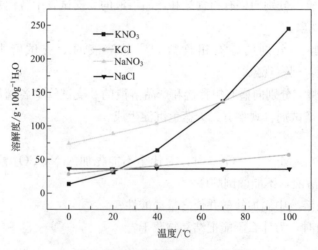

图 2-1　四种盐的温度溶解度曲线

在 20℃时，除硝酸钠以外，其它三种盐的溶解度都差不多，因此不能使硝酸钾晶体析出。但是随着温度的升高，氯化钠的溶解度几乎没有多大改变，而硝酸钾的溶解度却增大得很快。因此只要把硝酸钠和氯化钾的混合溶液加热，在高温时氯化钠的溶解度小，趁热把它滤去，然后冷却滤液，因硝酸钾的溶解度急剧下降会析出硝酸钾晶体。

在初次结晶中一般混有一些可溶性杂质，为了进一步除去这些杂质，可采用重结晶方法进行提纯。

【仪器与试剂】

仪器：水循环真空泵，热滤漏斗，烧杯（50mL、100mL），量筒（10mL、100mL），抽滤瓶、布氏漏斗，试管，酒精灯，试管架，漏斗架，石棉网，玻璃棒，玻璃铅笔，火柴，称量纸，定性滤纸。

试剂：$NaNO_3$（s，AR），KCl（s，AR），饱和 KNO_3 溶液，$AgNO_3$ 溶液（$0.1mol \cdot L^{-1}$）。

【实验步骤】

1. 硝酸钾的制备

在 50mL 烧杯中加入 8.5g $NaNO_3$ 和 7.5g KCl，再加入 15mL 蒸馏水，在烧杯外壁沿液面处作一记号。将烧杯放在石棉网上，用小火加热、搅拌，使其溶解，再继续加热蒸发至原体积的 2/3，这时烧杯内开始有较多晶体析出（什么晶体？）。趁热减压过滤，滤液中很快出现晶体（这又是什么晶体？）。

另取 8mL 热沸的蒸馏水加入抽滤瓶中，使结晶重新溶解，并将溶液转移至烧杯中缓缓加热，蒸发至原有体积的 3/4，静置、冷却（可用冷水浴冷却），待结晶重新析出，再进行减压过滤。用饱和 KNO_3 溶液滴洗两遍，将晶体抽干、称量、计算实际产率。

2. 硝酸钾的提纯

按质量比为 $m(KNO_3) : m(H_2O) = 2 : 1$ 的比例，将粗产品溶于所需蒸馏水中，加热并搅拌，使溶液刚刚沸腾即停止加热（此时，若晶体尚未溶解完，可加适量蒸馏水使其刚好溶解完）。冷却到室温后，抽滤并用饱和 KNO_3 溶液 4~6mL，用滴管逐滴加于晶体的各部位洗涤、抽干、称量，计算产率。

3. 产品纯度的检验

取少许粗产品和重结晶后所得 KNO_3 晶体分别置于两支试管，用蒸馏水配成溶液，然后各滴 2 滴 $0.1mol \cdot L^{-1}$ $AgNO_3$ 溶液，观察现象，并作出结论。

【问题与讨论】

1. 产品的主要杂质是什么？

2. 能否将除去氯化钠后的滤液直接冷却制取硝酸钾？

3. 考虑在母液中留有硝酸钾，粗略计算本实验实际得到的最高产量。

实验 3 强酸、强碱溶液的配制和相互滴定

【实验目的】

1. 熟悉有关溶液浓度的计算。
2. 掌握一般溶液和标准溶液的配制方法及基本操作。
3. 学习正确使用量筒、移液管、容量瓶、滴定管的方法。
4. 掌握碱滴定酸和酸滴定碱指示剂的选取及终点的正确判断。

【实验原理】

无机化学实验通常配制的溶液有一般溶液和标准溶液。

1. 一般溶液的配制

① 直接水溶法 对易溶于水而又不发生水解的固体，如 NaOH、NaCl、$H_2C_2O_4$ 等配制其溶液时，可用台秤称取一定量的固体于烧杯中，加入少量蒸馏水，搅拌溶解后，再用蒸馏水稀释到所需体积，最后倒入试剂瓶中。

② 介质水溶法 对易水解的固体试剂，如 $SnCl_2$、$SbCl_3$、$Bi(NO_3)_3$ 等，配制其溶液时，称取定量的固体，加入适量一定浓度的酸（或碱）使之溶解。再用蒸馏水稀释至所需体积。摇匀后转入试剂瓶。

在水中溶解度较小的固体试剂，先选用适当的溶剂溶解后，再稀释，摇匀转入试剂瓶中。如 I_2（固体），可先用 KI 水溶液溶解，再用水稀释。

③ 稀释法 对于液态试剂，如盐酸、硫酸、氨水等。在配制其稀溶液时，先用量筒量取所需量的浓溶液，然后用蒸馏水稀释至所需体积。但配制 H_2SO_4 溶液时，要注意应在不断搅拌的情况下缓慢地将浓硫酸倒入水中，切不可将水倒入浓硫酸中。

2. 标准溶液的配制

① 直接法 用分析天平准确称取一定量的基准试剂于烧杯中，加入适量蒸馏水使之溶解，然后转入容量瓶，再用蒸馏水稀释至刻度，摇匀。

② 标定法 不符合基准试剂条件的物质，不能用直接法配制标准溶液，但可先配成近似于所需浓度的溶液。然后用基准试剂或已知准确浓度的标准溶液来标定。

酸碱滴定中常用盐酸和氢氧化钠溶液作为标准溶液，但由于浓盐酸容易挥发，NaOH 易吸收空气中的水分和 CO_2，不符合基准物质的条件，只能先配制近似浓度的溶液，然后用基准物质标定其准确浓度，即间接法配制。也可用已知准确浓度的标准溶液来标定其准确浓度。通过滴定得到 V_{NaOH}/V_{HCl} 比值，由标定出的 NaOH 浓度 c_{NaOH} 可算出 HCl 的浓度 c_{HCl}，强酸滴定强碱在完全反应点附近，pH 突跃范围比较大（4.3～9.7），因此甲基橙、甲基红、中性红、酚酞等都可用来指示终点。

【仪器与试剂】

仪器：台秤，量筒（10mL、500mL），烧杯（100mL），试剂瓶（500mL），酸式和碱式滴定管，锥形瓶（250mL），标签纸，称量纸，玻璃棒，洗瓶，药匙，乳胶手套。

试剂：固体 NaOH(s,CP)，浓盐酸（CP,12mol·L^{-1}），0.1%甲基橙水溶液，0.2%酚

酞乙醇溶液。

【实验步骤】

1. 0.1mol·L^{-1} HCl 和 0.1mol·L^{-1} NaOH 溶液的配制

HCl溶液配制：用洁净小量筒量取浓盐酸 2.0～2.5mL，倒入含有约 200mL 蒸馏水的烧杯中，混合均匀。将溶液转入试剂瓶中，贴上标签备用。

NaOH溶液配制：在台秤上用小烧杯称取所需固体 NaOH 的质量，加 50mL 蒸馏水溶解，待冷却后将溶液转入装有约 200mL 蒸馏水的烧杯中，混合均匀。将溶液转入试剂瓶中，贴上标签备用。

2. 酸、碱标准溶液浓度的比较

预先准备好洁净的酸式滴定管和碱式滴定管各一支，试漏后，用蒸馏水淋洗 3 次。然后用少量 HCl 标准溶液淋洗酸式滴定管 3 次，每次用量 5～10mL。再装满溶液，驱除下端气泡调节液面于 0.00 刻度线或以下，静置 1min 后方可读数。用同样操作步骤把 NaOH 标准溶液装入碱式滴定管。及时记录下酸式滴定管和碱式滴定管的初读数。

由碱式滴定管放出 20mL 左右 NaOH 溶液于 250mL 锥形瓶中，加入甲基橙指示剂 1～2 滴，然后用酸滴定锥形瓶中的碱，同时随滴随摇锥形瓶，使溶液混匀，待接近终点时，酸液应逐滴或半滴地加入锥形瓶中，挂在瓶壁上的酸可用蒸馏水淋洗下去，直至被滴定溶液由黄色恰变橙色，示为滴定终点，如果颜色观察有疑问或终点已过，可继续由碱式滴定管加入少量 NaOH 溶液，被滴液呈黄色，再以 HCl 溶液滴定，当半滴酸液加入后被滴液恰现橙黄色为止（如此可反复进行，直至能较为熟练地掌握滴定操作和判断滴定终点）。仔细读取酸、碱滴定管的最终读数，准确到 0.01mL，并记录和计算出 V_{HCl}/V_{NaOH}。

再次将标准溶液分别装满酸、碱滴定管，重复上述操作，计算出体积比，同样测定 3 次，直至 3 次测定结果与平均值的相对平均偏差小于 ±0.2%，否则应重做。

酸、碱溶液浓度比较也可采用酚酞指示剂，应以碱滴定酸的方式进行，终点颜色由无色恰变为淡粉红色，算出 V_{HCl}/V_{NaOH} 值，与采用甲基橙作指示剂的 V_{HCl}/V_{NaOH} 值比较，试说明原因。记录及报告示例如表 2-2 和表 2-3 所示。

表 2-2 酸、碱标准溶液浓度的比较

（指示剂：甲基橙）

	编 号	1	2	3
HCl	最后读数/mL			
	开始读数/mL			
	V_{HCl}/mL			
NaOH	最后读数/mL			
	开始读数/mL			
	V_{NaOH}/mL			
	V_{HCl}/V_{NaOH}			
	平均值			
	相对偏差			

表 2-3 酸、碱标准溶液浓度的比较

（指示剂：酚酞）

编 号		1	2	3
HCl	最后读数/mL			
	开始读数/mL			
	V_{HCl}/mL			
NaOH	最后读数/mL			
	开始读数/mL			
	V_{NaOH}/mL			
V_{HCl}/V_{NaOH}				
平均值				
相对偏差				

【问题与讨论】

1. 配制酸、碱标准溶液时，为什么用量筒量取盐酸和用台秤称固体 NaOH，而不用移液管和分析天平？配制的溶液浓度应取几位有效数字？为什么？

2. 如何检验玻璃器皿是否洗净？滴定管为什么用标准溶液洗三遍？锥形瓶是否应烘干？为什么？

3. 50mL 的滴定管，当第一次实验用去 20mL，第二次滴定为什么必须添加标准溶液至零刻度附近，而不可继续使用余下的部分溶液进行滴定？

实验 4 酸、碱标准溶液浓度的标定

【实验目的】

熟悉酸、碱滴定常用指示剂的变色原理及选择。

【实验原理】

1. 标准溶液的配制方法

标准溶液的配制方法有直接法和间接法（也称标定法）两种。

① 直接法 用分析天平准确称取一定量的基准试剂于烧杯中，加入适量蒸馏水使之溶解，然后转入容量瓶，再用蒸馏水稀释至刻度，摇匀。

② 标定法 不符合基准试剂条件的物质，不能用直接法配制标准溶液，但可先配成近似于所需浓度的溶液。然后用基准试剂或已知准确浓度的标准溶液来标定。

2. 酸、碱标准溶液浓度的标定

对于酸碱中和反应满足关系式

$$m\,H_nA + n\,M(OH)_m \longrightarrow n\,M^{m+} + m\,A^{n-} + (mn)H_2O$$

$$\frac{c_{酸}V_{酸}}{m} = \frac{c_{碱}V_{碱}}{n}$$

采取中和滴定的方法测定酸或碱的浓度，用指示剂的颜色变化来确定滴加的溶液是否与被测溶液定量反应，以此判断滴定终点。

盐酸易挥发出 HCl 气体，$NaOH$ 则容易吸收空气中的水蒸气及 CO_2。故它们都不能用直接法配制标准溶液，只能用间接法配制，然后用基准物质标定其准确浓度。

① 标定 HCl 标准溶液常用的基准物是无水 Na_2CO_3 和硼砂。以无水碳酸钠标定 HCl 时，可采用甲基橙作为指示剂，反应式如下：

$$Na_2CO_3 + 2HCl \longrightarrow 2NaCl + CO_2\uparrow + H_2O$$

以硼砂 $Na_2B_4O_7 \cdot 10H_2O$ 为基准物时，反应产物是硼酸（$K_a = 5.7 \times 10^{-10}$），溶液呈微酸性，因此选用甲基红为指示剂，反应如下：

$$Na_2B_4O_7 + 2HCl + 5H_2O \longrightarrow 4H_3BO_3 + 2NaCl$$

② 标定氢氧化钠溶液常用的基准物是邻苯二甲酸氢钾或草酸。邻苯二甲酸氢钾是一种二元弱酸的共轭碱，它的酸性较弱，$K_{a2} = 2.9 \times 10^{-6}$，与 $NaOH$ 的反应式如下：

$$\underset{\text{—COOK}}{\overset{\text{—COOH}}{\bigcirc}} + NaOH \rightleftharpoons \underset{\text{—COOK}}{\overset{\text{—COONa}}{\bigcirc}} + H_2O$$

反应产物是邻苯二甲酸钾钠，在水溶液中显微碱性，因此应选用酚酞作为指示剂。

草酸 $H_2C_2O_4 \cdot 2H_2O$ 是二元酸，由于 K_{a1} 与 K_{a2} 值相近，不能分步滴定，反应产物为 $Na_2C_2O_4$，在水溶液中呈微碱性，也可采用酚酞作为指示剂。

【仪器与试剂】

仪器：分析天平，台秤，容量瓶（250mL、100mL），移液管（25mL），吸量管（10mL），试剂瓶（500mL），胶头滴管，烧杯（100mL），酸式和碱式滴定管（50mL），锥

形瓶（250mL），量筒（10mL，250mL），铁架台，火柴，称量纸，石棉网，玻璃棒，洗瓶，皮筋，标签纸，药匙，乳胶手套。

试剂：浓 HCl(12mol·L^{-1})，NaOH(s，CP)，无水 Na$_2$CO$_3$(s，AR)，邻苯二甲酸氢钾（s，AR），0.1%甲基橙水溶液，0.2%酚酞乙醇溶液。

【实验步骤】

1. 0.1mol·L^{-1} HCl 和 0.1mol·L^{-1} NaOH 溶液的配制

（1）0.1mol·L^{-1} HCl 溶液的配制

用洁净小量筒量取需要的浓 HCl（2.0～2.5mL），装有 250mL 蒸馏水的烧杯中，混合均匀。将溶液转入试剂瓶中，贴上标签备用。

（2）0.1mol·L^{-1} NaOH 溶液的配制

在台秤上用小烧杯称取所需质量的固体 NaOH，加 50mL 蒸馏水溶解，待冷却后将溶液转入装有约 200mL 蒸馏水的烧杯中，混合均匀。将溶液转入试剂瓶中，贴上标签备用。

标签写明：试剂名称、浓度、配制日期。

2. 0.1mol·L^{-1} HCl 标准溶液的标定

用分析天平准确称取 1.33g 无水 Na$_2$CO$_3$ 于小烧杯中，加蒸馏水约 50.0mL 溶解，然后转入 250mL 容量瓶中，摇匀定容。用 25mL 移液管吸取三份分别置于 250mL 锥形瓶中。在 3 个盛有 Na$_2$CO$_3$ 溶液的锥形瓶中各加甲基橙 1～2 滴，用欲标定的 HCl 溶液滴定。近终点时，应逐滴或半滴加入，直至溶液由黄色恰变橙色即为终点。

根据 Na$_2$CO$_3$ 的质量 m 和消耗 HCl 溶液的体积 V_{HCl} 可按下式计算 HCl 标准溶液的浓度 c_{HCl}：

$$c_{HCl} = \frac{m_{Na_2CO_3}}{M_{Na_2CO_3} \times V_{HCl} \times 5}$$

式中　$M_{Na_2CO_3}$——碳酸钠的摩尔质量。

每次标定的结果与平均值的相对平均偏差不得大于±0.2%，否则应重新标定。将相关数据记录于表 2-4 中。

表 2-4　HCl 标准溶液浓度的标定

编号	1	2	3
$m_{Na_2CO_3}$/g			
HCl 终读数/mL			
HCl 初读数/mL			
所耗 HCl 溶液体积 V_{HCl}/mL			
c_{HCl}/mol·L^{-1}			
平均值			
相对偏差			

3. 0.1mol·L^{-1} NaOH 标准溶液的标定

用分析天平准确称取三份邻苯二甲酸氢钾，每份 0.5g（精确到小数点后 4 位），分别置于锥形瓶中，各加 50.0mL 蒸馏水溶解（必要时可小火温热溶解）。加酚酞指示剂 2 滴，用欲标定的 NaOH 标准溶液滴定。近终点时要逐滴或半滴加入，直至被滴定溶液由无色变为粉红色，摇动后 0.5min 内不褪色即为终点。

根据邻苯二甲酸氢钾的质量 m 和消耗 NaOH 标准溶液的体积 V_{NaOH}，按下式计算 NaOH 标准溶液的浓度 c_{NaOH}：

$$c_{NaOH} = \frac{m_{KHC_8H_4O_4}}{M_{KHC_8H_4O_4} \times V_{NaOH}}$$

式中　$M_{KHC_8H_4O_4}$——邻苯二甲酸氢钾的摩尔质量。

每次标定的结果与平均值的相对偏差不大于 $\pm0.2\%$，否则必须重新标定。将相关数据记录于表 2-5 中。

表 2-5　NaOH 标准溶液浓度的标定

编　号	1	2	3
$m_{KHC_8H_4O_4}$/g			
NaOH 终读数/mL			
NaOH 初读数/mL			
所耗 NaOH 溶液体积 V_{NaOH}/mL			
c_{NaOH}/mol·L^{-1}			
平均值			
相对偏差			

【问题与讨论】

1. 本实验中配制酸碱标准溶液时，试剂只用量筒量取或台秤称取，为什么？稀释所用蒸馏水是否需要准确量取？

2. 标定 HCl 溶液时，称基准物无水 Na$_2$CO$_3$ 1.33g 左右；标定 NaOH 溶液时，称邻苯二甲酸氢钾 0.5g 左右，这些称量要求是怎么算出来的？称太多或太少对标定有何影响？

3. 标定用的基准物质应具备哪些条件？

4. 如果 Na$_2$CO$_3$ 中结晶水没有完全除去，实验结果会怎样？

5. 准确称取的基准物质置于锥形瓶中，锥形瓶中内壁是否要烘干？为什么？

6. 用邻苯二甲酸氢钾标定 NaOH 溶液时，为什么选用酚酞作指示剂？用甲基橙可以吗？

7. Na$_2$C$_2$O$_4$ 能否作为标定酸的基准物？为什么？

实验 5　密度的测定

【实验目的】

1. 学习正确使用物理天平和比重瓶。
2. 熟悉用流体静力称衡法和比重瓶法测定形状不规则的固体和小块固体密度的原理。
3. 掌握测定不规则固体材料密度的实验方法及操作。
4. 了解测定规则物体密度的原理。

【实验原理】

1. 流体静力称衡法测定不规则固体的密度（比水的密度大）和液体的密度

按照阿基米德定律，浸在液体中的物体要受到向上的浮力。浮力的大小等于物体所排开液体的重量。如果将物体分别浸在空气和水里称量，得到物体的质量为 m_1 和 m_2，则物体在水中受到的浮力等于全部浸入水中物体所排开水的重量，即 $g(m_1-m_2)=\rho_0 gV$（其中 ρ_0 为水的密度，g 为重力加速度，V 为物体的体积）。

考虑到 $m_1=\rho V$（ρ 为物体的密度），消去 V、g 后等式变为

$$\frac{\rho}{\rho_0}=\frac{m_1}{m_1-m_2}$$

即
$$\rho=\frac{m_1}{m_1-m_2}\rho_0 \tag{2-1}$$

如果将上述物体再浸入密度为 ρ' 的待测液体中，称得此时物体的质量为 m_3，则物体在待测液体中受到的浮力为 $g(m_1-m_3)$，此浮力又等于 $\rho' gV$。考虑到 $g(m_1-m_2)=\rho_0 gV$，得到待测液体的密度。

用温度计测出水温 t，从水的密度表上查出该温度下水的密度，即可求出被测物的密度。

待测液体的密度
$$\rho'=\frac{m_1-m_3}{m_1-m_2}\rho_0 \tag{2-2}$$

2. 流体静力称衡法和助沉法相结合测定密度小于水的不规则固体的密度

设被测物在空气中的质量为 m，如图 2-2 所示，用细线将被测物与另一助沉物串系起来，被测物在上，助沉物在下。设仅将助沉物没入水中而被测物在水面上时系统的表观质量为 m_1，二者均没入水中（注意悬吊，不接触烧杯壁和底）时的表观质量为 m_2，根据阿基米德定律，被测物受到的浮力为

$$\rho_{水}Vg=(m_1-m_2)g$$

被测物体积　　　　$$V=\frac{m_1-m_2}{\rho_{水}}$$

被测物密度　　　　$$\rho=\frac{m}{V}=\frac{m}{m_1-m_2}\rho_{水} \tag{2-3}$$

测出水温 t，查表得 $\rho_{水}$，即可求出 ρ。

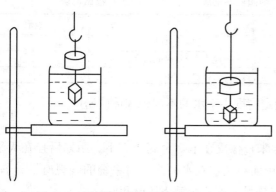

图 2-2 流体静力称衡法和助沉法相结合

图 2-3 比重瓶

3. 用比重瓶测定碎小固体（不溶于水）的密度

设比重瓶（包括瓶塞，图 2-3）的质量为 m，比重瓶装一定量碎小固体的质量为 m_1，再将比重瓶装满水，瓶(包括瓶塞)、水和小固体的总质量为 m_2，然后将水和小固体倒出，比重瓶装满水，总质量为 m_3。则小固体的质量为 $m_1 - m$，排出的水的质量为 $m_3 - m_2 + (m_1 - m)$，排出水的体积即碎小固体的总体积为

$$V = \frac{m_3 - m_2 + (m_1 - m)}{\rho_水}$$

碎小固体的密度 $\qquad \rho = \frac{m_1 - m}{V} = \frac{m_1 - m}{m_3 - m_2 + (m_1 - m)} \rho_水 \qquad (2\text{-}4)$

测出水温 t，查表得 $\rho_水$，即可求出碎小固体的密度 ρ。

4. 测定规则物体密度的方法

对一密度均匀的物体，若其质量为 m，体积为 V，则该物体的密度：

$$\rho = \frac{m}{V} \qquad (2\text{-}5)$$

用天平准确地测定物体的质量 m，用卡尺或千分尺等量具测定出其体积 V，由上式求出样品的密度。

【仪器与试剂】

仪器：分析天平，比重瓶，烧杯（250mL），水银温度计，量筒（250mL），细线，吸水纸。

试剂：蒸馏水，四氯化碳（AR），不规则金属块（被测物），橡皮或石蜡块（被测物），碎小石子（被测物），清水。

【实验步骤】

1. 用流体静力称衡法测物体的密度

① 按照分析天平的使用方法，称出物体在空气中的质量 m_1。

② 把盛有大半杯水的杯子放在天平左边的托盘上，然后将用细线挂在天平左边小钩上的物体全部浸入水中（注意不要让物体接触杯子），称出物体在水中的质量 m_2。

③ 查出室温下纯水的密度 ρ_0，按式(2-1)算出物体的密度。

数据记录如表 2-6 所示。

表 2-6　流体静力称衡法测定不规则固体的密度（比水的密度大）数据记录

项目	数值	项目	数值
天平感量		纯水温度 t	
待测物体在空气中的质量 m_1		纯水在 t℃时的密度 ρ_0	
待测物体在水中的质量 m_2		待测物体的密度 ρ	

2. 流体静力称衡法和助沉法相结合测定密度小于水的不规则固体的密度

① 称量橡皮在空气中的质量 m。

② 用细线将橡皮和助沉金属块串系起来，橡皮在上，金属块在下。系好后挂在天平横梁左端的钩子上。先称仅有金属块没入水中而石蜡块在水面之上时系统的表观质量 m_1，再称二者均没入水中时系统的表观质量 m_2（悬吊，不能接触烧杯壁和底）。

③ 用温度计测出水温 t，查表得该温度下的 $\rho_水$。

④ 用公式(2-3)计算出下橡皮的密度 ρ。数据记录见表 2-7。

表 2-7　流体静力称衡法和助沉法相结合测定密度小于水的不规则固体的密度数据记录

项目	数值	项目	数值
待测物体在空气中的质量 m		纯水温度 t	
只有助沉物在水中的质量 m_1		纯水在 t℃时的密度 ρ_0	
待测物助沉物都在水中质量 m_2		待测物体的密度 ρ	

3. 比重瓶法测量不溶于水的小块固体的密度

① 称量出比重瓶在空气中的质量 m。

② 称量出比重瓶只盛有碎小固体的质量 m_1。

③ 将比重瓶注满纯水和小块固体，塞上塞子，擦去溢出的水（注意：瓶内不能有残留的水泡），这时水面恰好达到毛细管顶部。用天平称出比重瓶、小块固体和纯水的总质量 m_2。

④ 比重瓶只盛有纯水称出其质量 m_3。

⑤ 测出水温 t，查表得 $\rho_水$（若前后室温变化不大，此步可不必再做）。

⑥ 由式(2-4)算出固体的密度。数据记录见表 2-8。

表 2-8　比重瓶法测量不溶于水的小块固体的密度数据记录

项目	数值	项目	数值
天平感量		比重瓶＋纯水质量 m_3	
比重瓶在空气中的质量 m		纯水温度 t	
比重瓶＋碎小固体的质量 m_1		纯水在 t℃时的密度 ρ_0	
比重瓶＋碎小固体＋纯水质量 m_2		待测物体的密度 ρ	

【问题与讨论】

1. 具体分析本实验产生误差的各种原因。

2. 假如待测固体能溶于水，但不溶于某种液体 A，现欲用比重瓶法测定该固体的密度，试写出测量的原理和大致步骤。

3. 用未经干燥的比重瓶进行测量，对实验结果有什么影响？

实验6 摩尔气体常数的测定

【实验目的】

1. 熟悉理想气体状态方程式和分压定律的应用。
2. 学习分析天平和气压计的使用。
3. 掌握量气管排水集气法测量气体体积的操作。

【实验原理】

用已知质量的镁 $m(Mg)$ 和过量的稀酸作用，产生一定量的氢气 $m(H_2)$。在一定的温度（T）和压力（p）下，测定被置换的氢气体积 $V(H_2)$。根据分压定律，算出氢气的分压。

上述方法收集到的氢气混有水蒸气，$p(H_2)=p-p(H_2O)$。假定在实验条件下，氢气服从理想气体行为，可根据气态方程式计算出摩尔气体常数 R：

$$R=p(H_2)V(H_2)\times2.016/[m(H_2)T]$$
$$m(H_2)=m(Mg)\times2.016/M(Mg)$$

式中 $M(Mg)$——Mg 的摩尔质量。所以

$$R=p(H_2)V(H_2)M(Mg)/[m(Mg)T]$$

实验时的温度（T）和压力（p）可分别由温度计和气压计测得，氢气的物质的量（n）可以由镁的质量求得。

【仪器与试剂】

仪器：分析天平（0.1mg），量气管，长颈漏斗，大试管，量筒（10mL），温度计，气压计，铁架台，乳胶管，砂纸，剪刀，称量纸。

试剂：镁条，稀 H_2SO_4（2.0mol·L^{-1}）。

【实验步骤】

1. 处理镁条

用砂纸清洁、除去镁条表面的氧化物与脏物，直至金属表面光亮无黑点。用分析天平或电子天平准确称取三份镁条，每份质量在 0.03g 左右（准确称至 0.0001g）。

2. 安装测定装置

如图 2-4 所示装配好测定装置。往量气管内装水至略低于"0"刻度的位置。上下移动漏斗，以赶尽附着在乳胶管和量气管内壁上的气泡，然后把反应管和量气管用乳胶管连接好。

3. 检漏

把漏斗下移一段距离，并固定在一定位置上。如果量气管中液面只在开始时稍有下降（约 3～5min）以后即维持恒定，便说明装置不漏气。如果液面继续下降，则表明装置漏气，检查各接口是否严密。经检查与调整后，再重

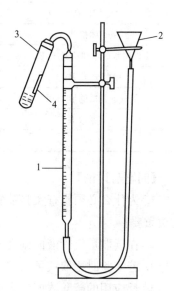

图 2-4 气体常数测定装置
1—量气管；2—漏斗；
3—试管（反应器）；4—铝片

复试验，直至确保不漏气为止。

4. 测定

① 取下试管，如果需要的话，可以再调整一次漏斗的高度，使量气管内液面保持在略低于"0"刻度的位置。然后用一长颈漏斗将 5mL 2.0mol·L^{-1} 的稀 H_2SO_4 注入试管中，切勿使酸沾到试管壁上。用一滴水将镁条沾在试管内壁上部，确保镁条不与酸接触。装好试管，塞紧磨口塞，再一次检查装置是否漏气。

② 把漏斗移至量气管右侧，使两者的液面在同一水平面上，记录此时的量气管液面的刻度位置。

③ 把试管底部略微抬高，使镁条和 H_2SO_4 接触，这时由于反应产生的氢气进入量气管中，把管中的水压入漏斗内。为避免管内压力过大，在管内液面下降时，要随时将漏斗慢慢向下移动，使量气管内液面和漏斗中液面基本在同一平面上，以防量气管中气体压力过高，而使气体漏出。

④ 镁条反应完后，待试管冷却到室温，调节使漏斗与量气管的液面处在同一水平，记下量气管内液面位置。稍等 1~2min，再记录液面位置，如两次读数相等，表明管内气体温度已与室温一样。记下室内的温度和大气压。

用另两份已称量的镁条重复实验。将数据和计算结果整理记录于表 2-9。

表 2-9　实验数据与计算结果列表

编号　　项目	1	2	3
镁条的质量 m/g			
反应前量气管中水面读数/mL			
反应后量气管中水面读数/mL			
室温/℃			
大气压/Pa			
氢气体积/L			
室温时水的饱和蒸气压/Pa			
氢气分压/Pa			
氢气的物质的量/mol			
气体常数 R			
相对误差			

【问题与讨论】

1. 为什么必须检查实验装置是否漏气？实验中曾两次检查实验装置是否漏气，哪次相对更重要？

2. 在读取量气管液面刻度时，为什么要使漏斗和量气管两个液面在同一水平面上？

3. 若实验时称取镁条太多或太少对实验有何影响？

4. 反应用的硫酸浓度是否应严格控制？取用时是否应准确量取？

第三部分

基本原理实验

实验 7　醋酸电离度和电离平衡常数的测定

【实验目的】

1. 学会醋酸电离度和电离平衡常数的测定方法。

2. 学习使用酸度计。

3. 巩固滴定操作。

【实验原理】

醋酸（CH_3COOH 或 HAc）是弱电解质，在水溶液中存在下列电离平衡：

$$HAc + H_2O \rightleftharpoons H_3O^+ + Ac^-$$

起始浓度/mol·L^{-1}　　c　　　　0　　　　0

平衡浓度/mol·L^{-1}　$c-c\alpha$　　　$c\alpha$　　　$c\alpha$

若 c 为醋酸的起始浓度，α 为醋酸的电离度，$[H_3O^+]$、$[Ac^-]$、$[HAc]$ 分别为 H_3O^+、Ac^-、HAc 的平衡浓度，K_a 为醋酸的电离平衡常数，则 $[H_3O^+]=[Ac^-]=c\alpha$，$[HAc]=c(1-\alpha)$。

电离度：
$$\alpha = \frac{[H_3O^+]}{c} \times 100\%$$

电离平衡常数：
$$K_a = \frac{[H_3O^+][Ac^-]}{[HAc]} = \frac{c\alpha^2}{1-\alpha} = \frac{[H_3O^+]^2}{c-[H_3O^+]}$$

已知 $pH=-\lg[H_3O^+]$，所以测定了已知浓度的醋酸溶液的 pH 值，就可求出它的电离度和电离平衡常数。

【仪器与试剂】

仪器：容量瓶（50mL），吸量管（10mL），移液管（25mL），烧杯（50mL、250mL），锥形瓶（250mL），试剂瓶（500mL），碱式滴定管（50mL），pHS-25C 型酸度计。

试剂：HAc（17.0mol·L^{-1}），NaOH 标准溶液（0.2005mol·L^{-1}），酚酞指示剂。

【实验步骤】

1. 0.2mol·L^{-1} 醋酸溶液的配制

取 3.0mL 17.0mol·L^{-1} 的冰醋酸于 250mL 烧杯中，加蒸馏水至刻度，转移到 500mL 的试剂瓶中待用。

2. 0.2mol·L^{-1} 醋酸溶液浓度的标定

用移液管移取 25.00mL 以上配制的醋酸溶液置于锥形瓶中，加 2~3 滴酚酞指示剂，用 NaOH 标准溶液滴定至微红色，且 0.5min 内不褪色为止。记下所用 NaOH 溶液的体积。再重复上述滴定操作两次，要求三次所消耗 NaOH 溶液的体积相差小于 0.05mL。根据 NaOH 溶液的浓度和体积，计算 HAc 溶液的准确浓度，将滴定数据和计算结果填入表 3-1中。

表 3-1　原始醋酸溶液浓度的标定

用＿＿＿＿ mol·L⁻¹ NaOH 标准溶液滴定＿＿＿＿ mL HAc 溶液

滴定序号		1	2	3
NaOH 标准溶液的用量/mL	初读数			
	末读数			
	实际消耗体积			
	消耗体积平均值			
HAc 溶液的准确浓度/mol·L⁻¹				

3. 配制不同浓度的醋酸溶液

分别用移液管和吸量管吸取 25.00mL、5.00mL、2.50mL 已标定准确浓度的醋酸溶液分别置于三个 50mL 容量瓶中，用蒸馏水稀释至刻度，摇匀，并计算出这三瓶醋酸溶液的准确浓度。

4. 测定不同浓度醋酸溶液的 pH 值

取稀释后和原液四种不同浓度的醋酸溶液 25mL 分别加入到 4 只洁净干燥的 50mL 烧杯中，按由稀到浓的次序在 pHS-25C 型 pH 计上分别测出它们的 pH 值，记录数据和室温。计算电离度和电离平衡常数，填入表 3-2 中。

表 3-2　醋酸电离度和电离平衡常数的测定

标准缓冲溶液的 pH ＿＿＿＿＿＿温度＿＿＿＿＿＿℃

HAc 溶液编号	c	pH	$[H^+]$	α	电离平衡常数 K_a	
					测定值	平均值
1						
2						
3						
4						

注：本实验测定的 K_a 值在 $1.0 \times 10^{-5} \sim 2.0 \times 10^{-5}$ 范围内合格（文献值 1.7×10^{-5}）。

【问题与讨论】

1. 测定醋酸溶液的 pH 值时，为什么要按溶液的浓度从稀到浓的次序进行？

2. 改变所测醋酸溶液的浓度和温度，电离度和电离平衡常数有无变化？

实验 8　缓冲溶液的配制与性质

【实验目的】

1. 学习缓冲溶液的配制方法。
2. 加深对缓冲溶液性质的理解。
3. 进一步理解缓冲容量与总浓度和缓冲比的关系。

【实验原理】

缓冲溶液的特点是：当加入少量的强酸、强碱或适当稀释时，其 pH 值不发生明显的改变。它一般由弱酸（A）和它的共轭碱（B）两大组分混合而成。缓冲溶液的近似 pH 值可利用 Henderson-Hasselbalch 方程计算：

$$pH = pK_a^{\ominus} + \lg\frac{[B]}{[A]} \tag{3-1}$$

式中　　$K_a^{\ominus}$——弱酸的解离常数；

[A]，[B]——分别为共轭酸碱的平衡浓度。

若配制缓冲溶液所用的弱酸和它的共轭碱的原始浓度相同，则配制时所取弱酸和它的共轭碱的体积（V）的比值等于它们平衡浓度的比值，所以式（3-1）可以写成：

$$pH = pK_a^{\ominus} + \lg\frac{V_B}{V_A} \tag{3-2}$$

由式（3-2）可知，若改变两者的体积之比，可得到一系列 pH 值不同的缓冲溶液。

需要指出的是，由上述两式算得的 pH 值是近似的，精确的计算应该用活度。实际应用的准确 pH 值缓冲溶液的配制，是根据有关参考书上的配方，其 pH 值是由精确的实验方法确定的（如美国国家标准局制定的配方）。

缓冲容量是衡量缓冲溶液缓冲能力大小的尺度，它的大小与缓冲溶液中缓冲溶液的总浓度和缓冲比有关。缓冲比不变时，总浓度越大，缓冲容量越大；总浓度不变时，缓冲比越接近 1：1，缓冲容量越大。

【仪器与试剂】

仪器：酸度计，吸量管（10mL），量筒（25mL），烧杯（25mL），大试管，容量瓶（25mL）。

试剂：广泛 pH 试纸，甲基红指示剂，HAc（0.1mol·L⁻¹、1mol·L⁻¹），NaAc（0.1mol·L⁻¹、1mol·L⁻¹），NaHCO₃（0.05mol·L⁻¹），Na₂CO₃（0.05mol·L⁻¹），HCl（0.1mol·L⁻¹），HCl(pH=4.0)，NaOH（0.1mol·L⁻¹），NaOH(pH=10.0)。

【实验步骤】

1. 缓冲溶液的配制

按表 3-3 所示的组成，计算配制 pH 值为 4 的缓冲溶液甲 20mL 所需各组分的体积。参考教科书，确定配制 pH 值精确至 10.00 的缓冲溶液乙 25mL 所需各组分的体积。

表 3-3　缓冲溶液的配制

缓冲溶液	pH 值	组分	所需组分体积/mL	实测 pH 值
甲 20.0mL	4.0	$0.1mol \cdot L^{-1} HAc$ $0.1mol \cdot L^{-1} NaAc$		
乙 25.0mL	10.00	$0.05mol \cdot L^{-1} Na_2CO_3$ $0.05mol \cdot L^{-1} NaHCO_3$		

根据表 3-3 用量，用量筒量取所需体积的 HAc 和 NaAc 于小烧杯中，配制甲缓冲溶液，然后用 pH 试纸测其 pH 值，填入表中。配制乙缓冲溶液时，用吸量管吸取所需体积的 $0.05mol \cdot L^{-1} Na_2CO_3$ 溶液于 25mL 的容量瓶中，然后用 $0.05mol \cdot L^{-1} NaHCO_3$ 溶液稀释至刻度，摇匀。用酸度计准确测其 pH 值，填入表中。比较甲、乙缓冲溶液 pH 值的实测值与给出值是否相符。保留上述两种缓冲溶液，待下面实验用。

2. 缓冲溶液的性质

取 12 支大试管，3 个一组分四组标好号码。第一组用量筒各加 pH＝4.0 的盐酸 5.0mL；第二组各加甲缓冲溶液 5.0mL；第三组各加 pH＝10.0 的氢氧化钠 5.0mL；第四组各加乙缓冲溶液 5.0mL。再按表 3-4 中的用量，在各组三支试管中，分别加入强酸、强碱和蒸馏水，用广泛 pH 试纸测各试管中溶液的 pH 值，记录结果（表 3-4），说明原因。

表 3-4　缓冲溶液的 pH

试剂 各管 pH 溶液	$0.1mol \cdot L^{-1} HCl$ （四滴）	$0.1mol \cdot L^{-1} NaOH$ （四滴）	蒸馏水 （6mL）
盐酸（pH＝4.0）			
甲缓冲溶液（pH＝4.0）			
氢氧化钠（pH＝10.0）			
乙缓冲溶液（pH＝10.0）			

3. 缓冲容量

① 缓冲容量与缓冲溶液总浓度的关系。取两支大试管，在一支中加入 $0.1mol \cdot L^{-1}$ HAc 和 $0.1mol \cdot L^{-1}$ NaAc 各 2.5mL；另一支加入 $1.0mol \cdot L^{-1}$ HAc 和 $1.0mol \cdot L^{-1}$ NaAc 各 2.5mL，混匀。这时两管内溶液的 pH 值是否相同？两管中各加入 2 滴甲基红指示剂（pH＜4.2 呈红色，pH＞6.3 呈黄色），溶液呈何种颜色？然后分别逐滴加入 $2.0mol \cdot L^{-1}$ NaOH（每加一滴均须摇匀），直至溶液恰好变为黄色。记录各管所加 NaOH 的滴数，解释所得结果（表 3-5）。

表 3-5　实验结果记录表

缓冲溶液	加指示剂后 溶液颜色	溶液恰好变为黄色 需加 NaOH 的滴数
$0.1mol \cdot L^{-1}$ HAc $0.1mol \cdot L^{-1}$ NaAc		
$1mol \cdot L^{-1}$ HAc $1mol \cdot L^{-1}$ NaAc		

② 缓冲容量与缓冲组分比值的关系。取两个小烧杯，按表 3-6 所示的量，分别用量筒量取所需量的 $0.05mol \cdot L^{-1}$ $NaHCO_3$ 和 $0.05mol \cdot L^{-1}$ Na_2CO_3，配制不同缓冲比的缓冲溶液。用酸度计测其 pH 值。然后分别用吸量管吸取 $0.1mol \cdot L^{-1}$ NaOH 溶液 1.00mL 加入两个烧杯中，再测其 pH 值，将结果记录于表 3-6 中，解释原因。

表 3-6 pH 变化记录表

缓冲溶液	体积/mL	[B]/[A]	pH	加碱后 pH	ΔpH
$0.05mol \cdot L^{-1}$ $NaHCO_3$ $0.05mol \cdot L^{-1}$ Na_2CO_3	6.0 6.0				
$0.05mol \cdot L^{-1}$ $NaHCO_3$ $0.05mol \cdot L^{-1}$ Na_2CO_3	10.0 2.0				

【问题与讨论】

1. 用 Henderson-Hasselbalch 方程式计算的 pH 值为何是近似的？应如何校正？

2. 若把实验步骤 3.②中的组分比从 5：1 改为 1：5，则加入同样量的 NaOH 后，ΔpH 值是否相同？

实验 9   化学反应速率和活化能的测定

【实验目的】

1. 了解浓度、温度和催化剂对化学反应速率的影响。

2. 测定过二硫酸钾与碘化钾反应的反应速率，并计算反应级数、反应速率常数和反应的活化能，练习实验数据的处理和作图方法。

【实验原理】

1. 化学反应速率方程及反应级数

在水溶液中过二硫酸钾与碘化钾发生如下反应：

$$K_2S_2O_8 + 3KI \longrightarrow 2K_2SO_4 + KI_3$$

$$S_2O_8^{2-} + 3I^- \longrightarrow 2SO_4^{2-} + I_3^- \tag{3-3}$$

其反应速率 v 根据速率方程可表示为：

$$v = kc^m(S_2O_8^{2-})c^n(I^-)$$

式中，v 是在此条件下反应的瞬时速率。若 $c(S_2O_8^{2-})$、$c(I^-)$ 是起始浓度，则 v 表示起始速率。k 是速率常数，m 与 n 之和是反应级数。

2. 化学反应速率测定

实验能测定的速率是在一段时间（Δt）内反应的平均速率 $\overline{v}$。如果在 Δt 时间内 $S_2O_8^{2-}$ 浓度的改变为 $\Delta c(S_2O_8^{2-})$，则平均速率为：

$$\overline{v} = \frac{-\Delta c(S_2O_8^{2-})}{\Delta t}$$

近似地用平均速率代替起始速率：

$$v = \frac{-\Delta c(S_2O_8^{2-})}{\Delta t} = kc^m(S_2O_8^{2-})c^n(I^-)$$

为了测出 Δt 时间内 $S_2O_8^{2-}$ 的浓度变化量，需要在混合 $K_2S_2O_8$ 溶液和 KI 溶液的同时，加入一定体积已知浓度的 $Na_2S_2O_3$ 溶液和淀粉溶液，这样在反应式(3-3)进行的同时还进行下面的反应：

$$2S_2O_3^{2-} + I_3^- \longrightarrow S_4O_6^{2-} + 3I^- \tag{3-4}$$

这个反应进行得非常快，几乎瞬间完成，而反应式(3-3)比反应式(3-4)慢得多。因此，由反应式(3-3)生成的 I_3^- 立即与 $S_2O_3^{2-}$ 反应，生成无色的 $S_4O_6^{2-}$ 和 I^-。所以在反应的开始阶段看不到碘与淀粉反应而显示的特有蓝色。当体系中的 $Na_2S_2O_3$ 一旦耗尽，反应式(3-3)继续生成的 I_3^- 就与淀粉反应而呈现出特有的蓝色。

由于从反应开始到蓝色出现标志着 $S_2O_3^{2-}$ 全部耗尽，所以从反应开始到出现蓝色这段时间 Δt 里，$S_2O_3^{2-}$ 浓度的改变 $\Delta c(S_2O_3^{2-})$ 实际上就是 $Na_2S_2O_3$ 的起始浓度。

从反应式（3-3）和（3-4）可以看出，$S_2O_8^{2-}$ 浓度减少量为 $S_2O_3^{2-}$ 浓度减少量的一半，所以 $S_2O_8^{2-}$ 在 Δt 时间内浓度减少量可以从下式求得。

$$\Delta c(S_2O_8^{2-}) = \frac{c(S_2O_3^{2-})}{2}$$

对反应速率方程 $v = kc^m(S_2O_8^{2-})c^n(I^-)$ 两边取对数，得

$$\lg v = \lg k + m\lg c(S_2O_8^{2-}) + n\lg c(I^-)$$

同一温度下，固定 $c(I^-)$，改变 $c(S_2O_8^{2-})$ 求出一系列反应速率 v，以 $\lg v$ 对 $\lg c(S_2O_8^{2-})$ 作图，可得一直线，斜率即为 m。同理，固定 $c(S_2O_8^{2-})$，以 $\lg v$ 对 $\lg c(I^-)$ 作图得一直线，斜率为 n。将 m、n 和任意一次实验的一组反应物的初始浓度值代入反应速率方程，就可求得反应速率常数 k。

3. 化学反应活化能

根据阿伦尼乌斯公式：

$$E_a = 2.303R\frac{T_1 T_2}{T_2 - T_1}\lg\frac{k_2}{k_1}$$

测不同温度下的 k 值，可求得活化能 E_a。

【仪器与试剂】

仪器：量筒（10mL），吸量管（5mL、10mL），温度计（0～100℃），烧杯（100mL、50mL），秒表，恒温水浴锅。

试剂：$K_2S_2O_8$（0.10mol·L^{-1}），KI（0.10mol·L^{-1}），NaS_2O_3（0.0050mol·L^{-1}）（上述试剂的浓度均要准确，且需新配制的），K_2SO_4（0.10mol·L^{-1}），0.4％淀粉溶液，$Cu(NO_3)_2$（0.020mol·L^{-1}），KNO_3（0.10mol·L^{-1}），冰。

【实验步骤】

1. 浓度对化学反应速率的影响

在室温下进行表 3-7 中编号 1 的实验。分别用吸量管量取 10.00mL 0.10mol·L^{-1} KI 溶液、4.00mL 0.0050mol·L^{-1} $Na_2S_2O_3$ 溶液，用量筒量取 1.0mL 0.4％淀粉溶液置于 100mL 烧杯中混匀。然后用量筒量取 10.0mL 0.10mol·L^{-1} $K_2S_2O_8$ 溶液，迅速倒入上述混合液中，同时启动秒表，并不断搅动，注意观察溶液的颜色变化。当溶液刚出现蓝色时，立即按停秒表，记录反应时间和室温。用同样方法按照表 3-7 的用量进行编号 2，3，4，5 的实验。根据以上实验结果，计算反应级数和反应速率常数。将结果填入表 3-7。

2. 温度对化学反应速率的影响

按表 3-7 中实验编号 4 的药品用量，将装有 KI、$Na_2S_2O_3$、KNO_3 和淀粉混合溶液的烧杯和装有 $K_2S_2O_8$ 溶液的小烧杯，放入冰水浴中冷却，待它们的温度冷却到低于室温 10.0℃时，将 $K_2S_2O_8$ 溶液迅速加到 KI 等混合溶液中，同时计时并不断搅拌，当溶液刚出现蓝色时，记录反应时间。

在高于室温 10.0℃的条件下，重复上述实验，记录反应时间。

根据此两次实验数据和实验 4 的数据，可求出不同温度下的 k 值，计算出反应的活化能 E_a。将结果填入表 3-8。

3. 催化剂对化学反应速率的影响

按表 3-7 中实验编号 4 的用量，把 KI、$Na_2S_2O_3$、KNO_3 和淀粉溶液加到 100mL 烧杯中，再加入 2 滴 0.020mol·L^{-1} $Cu(NO_3)_2$ 溶液，搅匀，然后迅速加入 $K_2S_2O_8$ 溶液，搅

动、计时。将此实验的反应速率与表 3-7 中实验 4 的反应速率进行比较，可得出什么结论? 将结果填入表 3-9。

表 3-7　浓度对反应速率的影响　　　　　　　　　室温_____℃

	实　验　编　号	1	2	3	4	5
试剂用量 /mL	$0.10mol \cdot L^{-1}$ $K_2S_2O_8$	10.0	5.0	2.5	10.0	10.0
	$0.10mol \cdot L^{-1}$ KI	10.00	10.00	10.00	5.00	2.50
	$0.0050mol \cdot L^{-1}$ $Na_2S_2O_3$	4.00	4.00	4.00	4.00	4.00
	0.4%淀粉溶液	1.0	1.0	1.0	1.0	1.0
	$0.10mol \cdot L^{-1}$ KNO_3	0	0	0	5.00	7.50
	$0.10mol \cdot L^{-1}$ K_2SO_4	0	5.00	7.50	0	0
25mL混合液中 反应物的 起始浓度 /mol·L⁻¹	$K_2S_2O_8$					
	KI					
	$Na_2S_2O_3$					
反应时间 $\Delta t/s$						
反应速率 v						
$\lg v$						
$\lg [S_2O_8^{2-}]$						
$\lg [I^-]$						
m						
n						
反应速率常数 k						
反应速率常数平均值 $\bar{k}$						

表 3-8　温度对化学反应速率的影响

实验编号	4	6	7
反应温度/℃			
反应时间 $\Delta t/s$			
反应速率 v			
反应速率常数 k			
$\lg k$			
$1/T$			
活化能 $E_a/kJ \cdot mol^{-1}$			

注：本实验活化能测定值的误差不超过 10%(文献值：$51.8kJ \cdot mol^{-1}$)。

表 3-9　催化剂对化学反应速率的影响

实验编号	4	8
加入 $0.02mol \cdot L^{-1}$ $Cu(NO_3)_2$ 的滴数		
反应温度/℃		
反应时间 $\Delta t/s$		
反应速率 v		

【问题与讨论】

1. 下列操作情况对实验结果有何影响？

① 取用六种试剂的量筒没有分开专用。

② 先加 $K_2S_2O_8$ 溶液，最后加 KI 溶液。

③ $K_2S_2O_8$ 溶液缓慢加入 KI 等混合溶液中。

2. 为什么根据反应溶液出现蓝色的时间长短来计算反应速率？反应溶液出现蓝色时反应是否停止了？

3. 本实验中 NaS_2O_3 的用量过多或过少，对实验结果有何影响？

【注意事项】

1. 量筒和吸量管贴好标签专用，试剂瓶盖不能张冠李戴。

2. 加入 $K_2S_2O_8$ 溶液时要迅速，必须同时启动秒表。

3. 加试剂时一定要注意试剂瓶和量器的标签是否一致，各种试剂的量一定要准确，尤其 NaS_2O_3 溶液的体积。

实验 10 配位化合物

【实验目的】

1. 了解配离子与简单离子的区别。

2. 比较配离子的相对稳定性，了解配位平衡与沉淀反应、氧化还原反应和溶液酸度的关系。

3. 了解螯合物的形成。

【实验原理】

1. 配位化合物的性质

配合物一般可分为内界和外界两个部分。中心原子（离子）和配体组成配合物的内界（即配位个体），它几乎已经失去了中心原子原有的性质；与内界带有相反电荷的离子处于外界，它们仍保留着原有的性质。中心原子形成配位个体后，其性质就会发生改变，如颜色、溶解度、氧化性和还原性等发生变化。

2. 配位平衡

配离子在水溶液中存在配位-解离平衡。例如，$[Ag(NH_3)_2]^+$ 在溶液中存在下述平衡：

$$Ag^+ + 2NH_3 \rightleftharpoons [Ag(NH_3)_2]^+$$

当达到平衡时：

$$K^{\ominus}_{s[Ag(NH_3)_2]^+} = \frac{[Ag(NH_3)_2^+]}{[Ag^+][NH_3]^2}$$

式中，$K^{\ominus}_{s[Ag(NH_3)_2]^+}$ 为 $[Ag(NH_3)_2]^+$ 的稳定常数。不同的配离子具有不同的稳定常数，对于配体个数相同的配离子，稳定常数越大，配离子就越稳定。

根据平衡移动原理，改变中心原子或配体的浓度，会使配位平衡发生移动。加入某些沉淀剂、改变溶液的浓度或改变溶液的酸度等，配位平衡都会发生移动。

3. 螯合物

螯合物是由中心原子与多齿配体形成的具有环状结构的配合物。许多金属离子所形成的螯合物具有特征的颜色，且难溶于水，而易溶于有机溶剂中。

例如，丁二酮肟在弱碱性条件下与 Ni^{2+} 生成鲜红色难溶于水的螯合物：

鲜红色

这一反应是检验 Ni^{2+} 的特征反应。

【仪器与试剂】

仪器：试管，试管架，试管刷。

试剂：$CuSO_4$（$0.10mol \cdot L^{-1}$），$NH_3 \cdot H_2O$（$2.0mol \cdot L^{-1}$，$0.10mol \cdot L^{-1}$），无水乙醇，$NiSO_4$（$0.20mol \cdot L^{-1}$），$BaCl_2$（$0.10mol \cdot L^{-1}$），$NaOH$（$0.10mol \cdot L^{-1}$），$FeCl_3$（$0.10mol \cdot L^{-1}$），$KSCN$（$4.0mol \cdot L^{-1}$，$0.10mol \cdot L^{-1}$），$K_3[Fe(CN)_6]$（$0.10mol \cdot L^{-1}$），$AgNO_3$（$0.10mol \cdot L^{-1}$），KBr（$0.10mol \cdot L^{-1}$），$Na_2S_2O_3$（$0.10mol \cdot L^{-1}$），$CoCl_2$（$0.10mol \cdot L^{-1}$），H_2SO_4（$2.0mol \cdot L^{-1}$），$EDTA$（$0.10mol \cdot L^{-1}$）。

【实验步骤】

1. 配离子的生成和配合物的组成

① 在一支试管中加入约 $1.0mL$ $0.10mol \cdot L^{-1}$ $CuSO_4$ 溶液，再逐滴滴入 $2.0mol \cdot L^{-1}$ $NH_3 \cdot H_2O$ 溶液，观察有无变化？写出反应方程式。取出约 $1.0mL$ 溶液，加入另一支试管中，然后再向试管中加入 $1.0mL$ 无水乙醇，又有什么现象发生？解释这种现象。

② 在两支试管中各加入约 $1.0mL$ $0.20mol \cdot L^{-1}$ $NiSO_4$ 溶液，然后分别加入少量 $0.10mol \cdot L^{-1}$ $BaCl_2$ 溶液和 $0.10mol \cdot L^{-1}$ $NaOH$ 溶液。观察现象，写出反应方程式。另取一支试管，加入约 $2.0mL$ $0.20mol \cdot L^{-1}$ $NiSO_4$ 溶液，再逐滴滴加 $2.0mol \cdot L^{-1}$ $NH_3 \cdot H_2O$ 溶液，边滴边振荡，待生成的沉淀完全溶解后，把溶液分装在两个试管中，分别加入少量 $0.10mol \cdot L^{-1}$ $BaCl_2$ 溶液和 $0.10mol \cdot L^{-1}$ $NaOH$ 溶液。观察现象，写出反应方程式，并解释所观察到的现象。

③ 在试管中滴入 10 滴 $0.10mol \cdot L^{-1}$ $FeCl_3$ 溶液，然后滴加少量 $0.10mol \cdot L^{-1}$ $KSCN$ 溶液。观察现象，写出反应方程式。用 $0.10mol \cdot L^{-1}$ $K_3[Fe(CN)_6]$ 溶液代替 $FeCl_3$ 溶液，按上述方法进行同样的实验。观察现象，并解释之。

2. 配离子稳定性的比较

在两支试管中各加入 2 滴 $0.10mol \cdot L^{-1}$ $AgNO_3$ 溶液，再各滴入 5 滴 $0.10mol \cdot L^{-1}$ KBr 溶液，观察浅黄色 $AgBr$ 沉淀的生成。然后在一支试管中滴加 $0.10mol \cdot L^{-1}$ $Na_2S_2O_3$ 溶液，边滴加边振荡，直至沉淀恰好溶解。另一支试管中滴加相同体积的 $0.10mol \cdot L^{-1}$ $NH_3 \cdot H_2O$ 溶液，观察沉淀是否溶解。并加以解释。

3. 配位平衡的移动

① 在一支试管中加入 1 滴 $0.10mol \cdot L^{-1}$ $FeCl_3$ 溶液，再加入 1 滴 $0.10mol \cdot L^{-1}$ $KSCN$ 溶液，加 $10.0mL$ 水稀释后，将溶液分成 3 份。第一份加入 5 滴 $0.10mol \cdot L^{-1}$ $FeCl_3$ 溶液；第二份中加入 5 滴 $0.10mol \cdot L^{-1}$ $KSCN$ 溶液；第三份留作比较。观察现象，比较实验结果，并加以解释。

② 在一支试管中加入 10 滴 $0.10mol \cdot L^{-1}$ $CoCl_2$ 溶液，滴加 10 滴 $0.10mol \cdot L^{-1}$ $KSCN$ 溶液，观察溶液有何变化。逐滴滴加 $4.0mol \cdot L^{-1}$ $KSCN$ 溶液，观察生成的蓝紫色溶液（生成 $[Co(SCN)_4]^{2-}$）。然后加水稀释，观察颜色有何变化？解释以上实验现象。

③ 在一支试管中加入 $1.0mL$ $0.10mol \cdot L^{-1}$ $CuSO_4$ 溶液，再滴加 $2.0mol \cdot L^{-1}$ $NH_3 \cdot H_2O$ 溶液至生成的沉淀恰好溶解为止，观察溶液的颜色。然后将此溶液加水稀释，观察沉淀又重新生成。解释上述现象。

④ 在一支试管中按上面实验方法制取[$Cu(NH_3)_4$]$^{2+}$溶液，然后滴加 2.0mol·L^{-1} H_2SO_4 溶液，观察现象，并加以解释。

4. 螯合物的生成

取两支试管，在一支试管中滴加 10 滴[$Fe(SCN)_6$]$^{3-}$溶液（自己制备），在另一支试管中滴加 10 滴[$Cu(NH_3)_4$]$^{2+}$溶液（自己制备），然后分别向两支试管中滴加 0.10mol·L^{-1} EDTA溶液。各有什么现象发生？解释所产生的现象。

【问题与讨论】

1. 举例说明配离子和简单离子的颜色、离子浓度、溶解度、氧化性、还原性等性质上的区别。

2. 总结本实验中所观察到的现象，说明有哪些因素影响配位平衡？

3. 本实验中所用到的 EDTA 是什么物质？它与金属离子所形成的配离子有何特点？

实验 11 沉淀溶解平衡

【实验目的】

1. 掌握沉淀溶解平衡及溶度积原理的应用。
2. 掌握沉淀的溶解和转化的条件。
3. 掌握离心分离的原理及离心机的使用方法。

【实验原理】

1. 溶度积常数

一定温度下，难溶电解质的饱和溶液中，难溶盐的固体与其溶入溶液中的离子之间存在下列平衡：

$$A_m B_n \rightleftharpoons m A^{n+} + n B^{m-}$$

溶液中离子浓度幂的乘积为一常数，称为溶度积常数，即 K_{sp}

$$K_{sp} = [A^{n+}]^m [B^{m-}]^n$$

2. 溶度积规则

溶度积规则是判断难溶电解质在溶液中能否生成沉淀的准则。以 Q_i 表示离子积，K_{sp} 表示溶度积，则有：

$Q_i > K_{sp}$ 时，溶液中有沉淀析出，直至溶液饱和。

$Q_i = K_{sp}$ 时，溶液为饱和溶液。

$Q_i < K_{sp}$ 时，溶液无沉淀析出。

任何难溶电解质，其饱和水溶液中总有达成溶解平衡的离子。不同难溶电解质的溶解能力不同，它们的 K_{sp} 也不同。

如果溶液中同时含有几种离子，加入的沉淀剂与溶液中几种离子都能发生沉淀反应时，则沉淀的先后顺序将由各离子浓度及产生沉淀的 K_{sp} 决定，首先满足沉淀条件的组分先形成沉淀，这一现象称分步沉淀。

通过测定某一难溶电解质饱和溶液中各离子浓度，可求得该难溶电解质的溶度积。

$Mg(OH)_2$ 的溶度积常数为

$$K_{sp}[Mg(OH)_2] = [Mg^{2+}][OH^-]^2$$

根据溶度积规则，要使沉淀溶解，必须设法减小难溶电解质饱和溶液中有关离子的浓度，使 $Q_i < K_{sp}$。

【仪器与试剂】

仪器：离心机（公用），离心试管（10mL），吸量管（1mL），刻度试管（5mL，10mL），量筒（10mL），烧杯（50mL），试管架，滴管，吸耳球。

试剂：$Pb(NO_3)_2$（$0.10 mol \cdot L^{-1}$），KI（$0.10 mol \cdot L^{-1}$），$NaCl$（$0.10 mol \cdot L^{-1}$），K_2CrO_4（$0.10 mol \cdot L^{-1}$），$AgNO_3$（$0.10 mol \cdot L^{-1}$），饱和 PbI_2，Na_2S（$0.10 mol \cdot L^{-1}$），$MgCl_2$（$0.10 mol \cdot L^{-1}$），$NH_3 \cdot H_2O$（$2.0 mol \cdot L^{-1}$），HCl（$2.0 mol \cdot L^{-1}$），$NaCl$（$1.0 mol \cdot L^{-1}$），饱和 NH_4Cl。

【实验步骤】

1. 溶度积规则的应用

① 在试管中加入 1.0mL 0.10mol·L⁻¹ Pb(NO₃)₂ 溶液，再加 1.0mL 0.10mol·L⁻¹ KI 溶液，观察有无沉淀生成，试用溶度积规则进行解释。

② 在 50mL 烧杯加入 1 滴 0.10mol·L⁻¹ Pb(NO₃)₂ 溶液，加入 10.0mL 蒸馏水稀释后，再逐滴加入 0.10mol·L⁻¹ KI 溶液进行上面的实验，有无沉淀生成？试用溶度积规则进行解释。

③ 在试管中加入 0.10mol·L⁻¹ NaCl 溶液 3 滴和 0.10mol·L⁻¹ K₂CrO₄ 溶液 5 滴。然后边振荡试管，边逐滴加入 0.10mol·L⁻¹ AgNO₃ 溶液，观察沉淀的颜色，试用溶度积规则进行解释。

2. 同离子效应

在试管中加入饱和 PbI₂ 溶液 1.0mL，然后逐滴加入 0.10mol·L⁻¹ KI 溶液，振荡试管，观察有何现象，说明原因。

3. 分步沉淀

在试管中滴入 1 滴 0.10mol·L⁻¹ Na₂S 溶液和 5 滴 0.10mol·L⁻¹ K₂CrO₄ 溶液，用蒸馏水稀释至 5.0mL，然后逐滴加入 0.10mol·L⁻¹ Pb(NO₃)₂ 溶液，观察首先生成沉淀的颜色。待沉淀沉降后，继续向上清液中滴加 0.10mol·L⁻¹ Pb(NO₃)₂ 溶液，会出现什么颜色的沉淀？试用溶度积原理解释上述现象。

4. 沉淀的溶解

在两支试管中分别加入 5 滴 0.10mol·L⁻¹ MgCl₂ 溶液，并逐滴加入 2.0mol·L⁻¹ NH₃·H₂O 溶液至有白色 Mg(OH)₂ 沉淀生成，然后再向第一支试管滴加 2.0mol·L⁻¹ HCl 溶液，向第二支试管中滴加饱和 NH₄Cl 溶液，观察两支试管中的反应现象？写出有关化学方程式。

5. 沉淀的转化

在离心试管中滴入 5 滴 0.10mol·L⁻¹ Pb(NO₃)₂ 溶液和 3 滴 1.0mol·L⁻¹ NaCl 溶液，振荡离心试管，待沉淀完全后，离心分离，然后向沉淀中滴加 3 滴 0.10mol·L⁻¹ KI 溶液，观察沉淀颜色的变化。说明原因，并写出有关的化学反应方程式。

【问题与讨论】

1. 沉淀溶解的条件是什么？可采用的方法有哪些？

2. AgCl 的 K_{sp}（$1.8×10^{-10}$）大于 Ag₂CrO₄ 的 K_{sp}（$1.1×10^{-12}$），若溶液中 [Cl⁻] 和 [CrO₄²⁻] 均为 0.1mol·L⁻¹，问加入 AgNO₃ 时，何者先沉淀？

3. Ag₂CO₃、Ag₃PO₄、Ag₂S 沉淀能否溶于 HNO₃，为什么？

实验 12　分光光度法测[Ti(H₂O)₆]³⁺的分裂能

【实验目的】

1. 了解配合物的吸收光谱。
2. 了解用吸光光度法测定配合物分裂能的原理和方法。
3. 学习分光光度计的使用方法。

【实验原理】

配合物中的中心原子在配体所形成的晶体场作用下，d 轨道会发生能级分裂。对于八面体配合物，中心原子五个能量相等的 d 轨道分裂成能量较高的 d_γ（或 e_g）和能量较低的 d_ε（或 t_{2g}）两组轨道。这两组轨道之间的能量差即为分裂能，用 E_s 表示。

过渡金属离子一般具有未充满的 d 轨道。由于在晶体场作用下发生了能级分裂，因而电子就有可能从较低能量的 d_ε 轨道向较高能量的 d_γ 轨道跃迁，这种跃迁称为 d-d 跃迁。发生 d-d 跃迁所需要的能量就是 d 轨道的分裂能。不同配合物发生 d-d 跃迁可吸收不同波长的光，这就是吸光光度法测定分裂能的基础。

八面体配离子[Ti(H₂O)₆]³⁺的中心原子 Ti³⁺ 只有 1 个 d 电子，基态时这个电子位于能量较低的 d_ε 轨道，当吸收一定波长的光线后发生 d-d 跃迁，跃入能量较高的 d_γ 轨道。d-d 跃迁所吸收的能量，即为[Ti(H₂O)₆]³⁺的分裂能。

$$E = h\nu = \frac{hc}{\lambda} = hc\delta = E(d_\gamma) - E(d_\varepsilon) = E_s$$

式中　h——普朗克常数，$h = 6.626 \times 10^{-34} \, \text{J} \cdot \text{s}$；

　　　c——光速，$c = 2.998 \times 10^8 \, \text{m} \cdot \text{s}^{-1}$；

　　　λ——波长；

　　　δ——波数。

当 1mol 电子发生 d-d 跃迁时：

$$hc = 6.626 \times 10^{-34} \, \text{J} \cdot \text{s} \times 2.998 \times 10^8 \, \text{m} \cdot \text{s}^{-1} \times 6.022 \times 10^{23} \, \text{mol}^{-1}$$
$$= 1.1962 \times 10^{-1} \, \text{J} \cdot \text{m} \cdot \text{mol}^{-1} = 1.1962 \times 10^{-2} \, \text{kJ} \cdot \text{cm} \cdot \text{mol}^{-1}$$

因 $1.1962 \times 10^{-2} \, \text{kJ} \cdot \text{mol}^{-1}$ 相当于 1cm^{-1}，则得 $hc = 1$。

配合物在最大吸收波长 $\lambda_{\max}$ 处吸收的能量即为分裂能。当波长的单位为 nm，波数单位为 cm^{-1} 时，分裂能为：

$$E_s = hc\delta = \frac{hc}{\lambda_{\max}} = \frac{1}{\lambda} \times 10^7 \, \text{cm}^{-1}$$

因此，分裂能也常以 cm^{-1} 为单位。

本实验采用一定浓度的[Ti(H₂O)₆]³⁺溶液，用分光光度计测定不同波长 λ 时的吸光度 A，再做 A-λ 曲线，即得[Ti(H₂O)₆]³⁺的吸收光谱曲线。找出曲线最大吸收峰对应的波长 $\lambda_{\max}$ 按上式即可求算[Ti(H₂O)₆]³⁺的分裂能。

【仪器与试剂】

仪器：分光光度计，吸量管（5mL），容量瓶（25mL），洗耳球，擦镜纸。

试剂：$TiCl_3$（150～200g·L^{-1}），HCl（2mol·L^{-1}）。

【实验步骤】

1. 计算 150～200g·L^{-1} $TiCl_3$ 溶液的浓度（本实验按 170g·L^{-1}计算）。

2. 用吸量管吸取 5mL、3mL、2mL 上述溶液，置于 25mL 容量瓶中，用 2mol·L^{-1} HCl 溶液稀释至刻度，即得$[Ti(H_2O)_6]^{3+}$测量液。计算$[Ti(H_2O)_6]^{3+}$测量液的浓度。

3. 用分光光度计测出上述$[Ti(H_2O)_6]^{3+}$溶液在不同波长时的吸光度（以 2mol·L^{-1} HCl 溶液为空白液）。

4. 绘制 A-λ 曲线。以 λ 为横坐标，A 为纵坐标作图，在吸收曲线上找出$[Ti(H_2O)_6]^{3+}$配离子最大吸收峰所对应的波长 λ_{max}。

5. 数据记录和处理：

① 170g·L^{-1} $TiCl_3$ 溶液的浓度 $c=$ _____。

② $[Ti(H_2O)_6]^{3+}$测量液的浓度 $c=$ _____，_____，_____。

③ 不同波长下，三种不同浓度的$[Ti(H_2O)_6]^{3+}$配离子溶液的吸光度 A（表 3-10）。

表 3-10　三种不同浓度$[Ti(H_2O)_6]^{3+}$配离子溶液的吸光度

吸光度 ＼ λ/nm	460	470	480	490	500	510	520	530	540	550	560
A_1											
A_2											
A_3											

④ 根据 A-λ 曲线找出配离子最大吸收峰所对应的波长 $\lambda_{max}=$ _____。

⑤ 由公式计算 $\Delta E=\dfrac{1}{\lambda_{max}}\times 10^7\,cm^{-1}=$ _____。

【问题与讨论】

1. 不同浓度的 $TiCl_3$ 稀溶液所得的吸收曲线有何异同点？在同一波长下，吸光度与溶液的浓度有什么关系？

2. 配合物的晶体场分裂能的单位通常是什么？

3. 在测定配合物的吸收曲线时，所配制溶液的浓度是否要非常准确？为什么？

实验 13　分光光度法测定铁含量

【实验目的】

1. 学习分光光度法原理及分光光度计的使用方法。
2. 掌握分光光度法测定有色物质时最大吸收波长的选择，了解吸收光谱绘制方法。
3. 学习磺基水杨酸法和邻二氮菲法测定铁含量时工作曲线的绘制及铁含量测定方法。

【实验原理】

1. 物质对光的选择性吸收原理

当一束光照射到某物质或某溶液时，组成该物质的分子、原子或离子等粒子接受光的能量，使这些粒子中的电子由低能量的轨道跃迁到高能量的轨道，也就是说，由基态转变为激发态，这个过程就是物质对光的吸收。

由于分子、离子或原子的能级是量子化的，只有光子的能量（$h\nu$）与被照射物质粒子的基态和激发态能量之差（ΔE）相等时，才能被吸收。

光的能量与波长成反比，波长越短，能量越高。

单一波长的光称为单色光，由不同波长组成的光称为复色光。

2. 吸光度 A

一束强度为 I_0 的单色光通过颜色均匀有色溶液时，一部分能量的光被吸收（I_a），一部分透过溶液（I_t），还有一部分被吸收池表面反射（I_r）。故：

$$I_0 = I_a + I_t + I_r$$

将被测溶液和参比（空白）溶液分别置于两个同样材料和厚度的吸收池中，所以反射光 I_r 可被忽略或相互抵消。上式可简化为：

$$I_0 = I_a + I_t$$

透射光的强度 I_t 与入射光的强度 I_0 之比称为透光率（transmittance），用符号"T"表示。

$$T = \frac{I_t}{I_0}$$

T 越大，溶液对光的吸收就越少；T 越小，溶液对光的吸收就越多。

透光率的负对数称为吸光度，用符号"A"表示。

$$A = -\lg T = \lg \frac{I_0}{I_t}$$

A 越大，溶液对光的吸收就越多。

不同波长 λ 的单色光依次通过有色溶液，测量该溶液对不同波长 λ 的单色光的吸收程度，即吸光度 A（absorbance）。

实验结果证明：有色溶液对光的吸收程度（A）与溶液的浓度和光穿过的液层厚度的乘积成正比。这一定律称为朗伯-比尔（Lambert-Beer）定律：

$$A = \varepsilon b c$$

式中 ε——摩尔吸光系数，$L\cdot mol^{-1}\cdot cm^{-1}$；

c——溶液的浓度，$mol\cdot L^{-1}$；

b——液层厚度，cm。

当波长一定时，它是有色物质的一个特征常数，比色皿的大小一定时液层厚度也是一定的。所以吸光度（A）只与浓度（c）有关。

3. 吸收光谱曲线

以波长 λ 为横坐标，吸光度 A 为纵坐标作图，可得一条曲线，即为吸收光谱或称为吸收曲线。吸收光谱中，吸光度最大处的波长为最大吸收波长，用"λ_{max}"表示。若在最大吸收波长处测定溶液吸光度时，灵敏度最高。

4. 磺基水杨酸法测定 Fe^{3+} 含量

磺基水杨酸是测铁的常用试剂，在 pH 为 $4.0\sim8.0$ 的条件下，与 Fe^{3+} 生成稳定的橙红色配合物，Fe^{3+} 浓度与生成的有色配合物对可见光的吸光度成正比。其反应如下：

$$Fe^{3+}+2\ \underset{HO}{\overset{HOOC}{\bigcirc}}SO_3H \longrightarrow \left[Fe\left(\underset{HO}{\overset{OOC}{\bigcirc}}SO_3\right)_2\right]^- + 4H^+$$

（橙红色）

5. 邻二氮菲法测定 Fe^{2+} 含量

邻二氮菲是目前应用分光光度计测定微量铁的常用试剂，在 pH 为 $2\sim9$ 的范围内的溶液中可与 Fe^{2+} 生成稳定的红色配合物：

该配合物稳定性较高，最大吸收波长为 508nm，摩尔吸光系数 $\varepsilon=1.1\times10^4 L\cdot mol^{-1}\cdot cm^{-1}$，并且对光的吸收很好地符合 Lambert-Beer 定律。

该法是测定溶液 Fe^{2+} 的浓度，因此，在测定过程中需加还原剂将 Fe^{3+} 转化为 Fe^{2+}。本实验用盐酸羟胺作还原剂，反应如下：

$$2Fe^{3+}+2NH_2OH+2OH^- \longrightarrow 2Fe^{2+}+N_2\uparrow+4H_2O$$

【仪器与试剂】

仪器：10mL 容量瓶，分光光度计，10mL 吸量管，KJ-可调控连续加液管，擦镜纸。

试剂：pH＝4.7 的缓冲溶液，标准 Fe^{3+} 溶液（$0.10g\cdot L^{-1}$），HNO_3（$0.20mol\cdot L^{-1}$），磺基水杨酸（$0.25mol\cdot L^{-1}$），NaAc（$1.0mol\cdot L^{-1}$），待测铁溶液，邻二氮菲（新鲜配制，$8.0mmol\cdot L^{-1}$），盐酸羟胺（新鲜配制，$1.5mol\cdot L^{-1}$）。

【实验步骤】

1. 最大吸收波长的确定

（1）配制标准溶液

用四个 10mL 容量瓶编号后按表 3-11 配制标准溶液。

表 3-11 最大吸收波长确定的标准溶液配制

溶液 \ 容量瓶号	1	2	3	4
标准 Fe^{3+} 溶液体积/mL	0.00	0.20	0.30	0.50
$0.2mol \cdot L^{-1} HNO_3$ 体积/mL	0.50	0.30	0.20	0.00
$0.25mol \cdot L^{-1}$ 磺基水杨酸体积/mL	1.00	1.00	1.00	1.00
pH＝4.7 缓冲溶液体积/mL	1.00	1.00	1.00	1.00
加蒸馏水至总体积/mL	10.00	10.00	10.00	10.00

（2）在不同波长处测定溶液的吸光度

将上述配好的溶液摇匀后，在分光光度计上进行测定。以 1 号溶液为空白，在波长 400～520nm 范围内，每隔 10nm 测定一次 2 号、3 号、4 号溶液的吸光度。测定过程中，每变换一次波长，都应调整零点及透光率(100％)。记录各波长处溶液的吸光度(A)，然后以吸光度为纵坐标、波长为横坐标绘制吸收曲线，从而选择出磺酸基水杨酸测定 Fe^{3+} 的最大吸收波长。

2. 磺基水杨酸法测定 Fe^{3+} 含量

（1）标准溶液配制

取 6 个 10mL 容量瓶编号后按表 3-12 配制标准溶液，摇匀放置 20min 后，测定吸光度。

表 3-12　磺基水杨酸法测定 Fe^{3+} 的标准溶液配制

编　号	1	2	3	4	5	6
Fe^{3+} 标准溶液体积/mL	0.00	0.10	0.20	0.30	0.40	0.50
$0.2mol \cdot L^{-1} HNO_3$ 体积/mL	0.50	0.40	0.30	0.20	0.10	0.00
磺基水杨酸体积/mL	1.00	1.00	1.00	1.00	1.00	1.00
缓冲溶液（pH＝4.7）体积/mL	1.00	1.00	1.00	1.00	1.00	1.00
加蒸馏水至总体积/mL	10.00	10.00	10.00	10.00	10.00	10.00
最终铁浓度/g·L⁻¹						
吸光度 A						

（2）标准曲线的制作

在分光光度计上，用 1cm 比色皿在 460nm 波长处以 1 号溶液为空白，分别测定标准溶液的吸光度。然后以吸光度为纵坐标、溶液浓度为横坐标绘制工作曲线。

（3）未知液的测定

吸取待测铁溶液 5.00mL 置于 10mL 容量瓶中，加入 0.50mL $0.2mol \cdot L^{-1} HNO_3$ 溶液、1.00mL $0.25mol \cdot L^{-1}$ 磺基水杨酸、1.00mL pH＝4.7 的缓冲溶液，用蒸馏水稀释到刻度，摇匀，放置 20min，按上述方法测定吸光度。在标准曲线上查出对应铁的浓度 c_x(g·L⁻¹)，未知溶液浓度可由下式算出。

$$c_{样} = c_x \times \frac{V_{容}}{V_{样}}$$

式中　$V_{容}$——测定未知液稀释时所用容量瓶体积；

　　　$V_{样}$——所取原未知液的体积。

也可以在作图时将各标准溶液的浓度均乘以 $V_容/V_样$，就可以在标准曲线上直接查出未知液的浓度。

3. 邻二氮菲法测定 Fe^{3+} 含量

（1）标准溶液配制

取 6 个 10mL 容量瓶编号后，按表 3-13 配制标准溶液。

表 3-13　邻二氮菲法测定 Fe^{3+} 的标准溶液配制

编　号	1	2	3	4	5	6
Fe^{3+} 标准溶液体积/mL	0.00	0.10	0.20	0.30	0.40	0.50
1.5mol·L^{-1} 盐酸羟胺体积/mL	0.50	0.50	0.50	0.50	0.50	0.50
邻二氮菲体积/mL	1.00	1.00	1.00	1.00	1.00	1.00
1mol·L^{-1}NaAc 体积/mL	2.50	2.50	2.50	2.50	2.50	2.50
加蒸馏水至总体积/mL	10.00	10.00	10.00	10.00	10.00	10.00
最终铁浓度/g·L^{-1}						
吸光度 A						

（2）标准曲线的制作

将标准溶液配制好后，放置 15min，在分光光度计上，用 1cm 比色皿在 508nm 波长处以 1 号溶液为空白，分别测定标准溶液的吸光度。然后以吸光度 A 为纵坐标、Fe^{2+} 浓度为横坐标绘制工作曲线。

（3）未知液测定

吸取待测铁溶液 1.00mL 置于 10mL 容量瓶中，加入 0.50mL 1.5mol·L^{-1} 盐酸羟胺、1.00mL 8mmol·L^{-1} 邻二氮菲溶液、2.50mL 1mol·L^{-1}NaAc 溶液，用蒸馏水稀释到刻度，摇匀，在 508nm 波长处，以 1 号溶液为空白，测定吸光度。在标准曲线上查出对应铁的浓度 c_x(g·L^{-1})，未知溶液浓度可由下式算出。

$$c_样 = c_x \times \frac{V_容}{V_样}$$

式中　$V_容$——测定未知液稀释时所用容量瓶体积；

　　　$V_样$——所取原未知液的体积。

也可以在作图时将各标准溶液的浓度均乘以 $V_容/V_样$，就可以在标准曲线上直接查出未知液的浓度。

【问题与讨论】

1. 为什么每次变动波长都应重新调节零点及透光率？

2. 用磺基水杨酸测铁时为什么选择波长为 460nm？邻二氮菲法为什么选择波长为 508nm？

实验 14　EDTA 标准溶液的配制、标定及水的总硬度测定

【实验目的】

1. 掌握 EDTA 标准溶液的配制和标定方法。
2. 掌握 EDTA 法测定水的总硬度的方法和原理。
3. 掌握铬黑 T(EBT)指示剂使用条件和终点变化。
4. 了解水的硬度的表示方法。

【实验原理】

1. 水的硬度

水的硬度对饮用和工业用水关系极大，是水质分析的常规项目。水的硬度主要来源于水中所含的钙盐和镁盐。

水硬度的表示方法很多，在我国主要采用两种表示方法。①以度($°$)计：每升水中含 10mg CaO 为 1 度；②用 $CaCO_3$ 含量表示。

2. EDTA 标准溶液的标定

EDTA 常因吸附约 0.3% 水分和其中含有少量杂质而不能直接配制成标准溶液，通常先把 EDTA 配成所需要的大概浓度，然后用基准物质标定。基准物质有 Zn、ZnO、$CaCO_3$、$MgSO_4$ 等，一般可选用与被测组分含有相同金属离子的基准物质进行标定，这样分析条件相同，可以减小误差。

铬黑 T 在不同的酸碱度下显示不同的颜色：pH<6 为红色；pH>12 为橙色。最适宜的酸碱度为 pH=9~10.5，此时铬黑 T 为纯蓝色。

pH 为 10 条件下，以铬黑 T 为指示剂，终点由酒红色变为纯蓝色。HIn^{2-} 代表铬黑 T，H_2Y^{2-} 代表 EDTA。

$$Zn^{2+}+HIn^{2-}\Longrightarrow ZnIn^-+H^+$$
$$Zn^{2+}+H_2Y^{2-}\Longrightarrow ZnY^{2-}+2H^+$$
$$ZnIn^-+H_2Y^{2-}\Longrightarrow ZnY^{2-}+HIn^{2-}+H^+$$

3. 配位滴定指示剂的终点指示原理

目前主要用 EDTA 滴定法测定水中钙和镁总量，并折合成 CaO 或 $CaCO_3$ 含量来确定水的总硬度。用 EDTA 测定 Ca、Mg 总量，一般是在 pH=10 或 pH>10 的氨性缓冲溶液中进行。铬黑 T 作指示剂，计量点时 Ca^{2+} 和 Mg^{2+} 与 EBT 形成紫红色配合物，滴至计量点后，游离出的指示剂使溶液呈纯蓝色。

$$\underset{\text{(酒红色)}}{EBT(Ca^{2+}、Mg^{2+})}+\underset{\text{(无色)}}{EDTA}\longrightarrow\underset{\text{(无色)}}{EDTA(Ca^{2+}、Mg^{2+})}+\underset{\text{(蓝色)}}{EBT}$$

由于 EBT 与 Mg^{2+} 显色灵敏度高，与 Ca^{2+} 显色灵敏度低，故当水中 Mg^{2+} 含量较低时，使用 EBT 作指示剂往往得不到敏锐的终点。这时可在 EDTA 标定之前加入适量 Mg^{2+}（计

量），或在缓冲溶液中加入一些 Mg-EDTA 配合物，利用置换滴定原理来提高终点变色的敏锐性。亦可采用 K-B 混合指示剂提高显色灵敏度。

测定时水中含有其它干扰离子时，可选用掩蔽方法消除，如 Fe^{3+}、Al^{3+} 可用三乙醇胺掩蔽，Cu^{2+}、Pb^{2+}、Zn^{2+} 等可用 KCN 或 Na_2S 掩蔽。

4. 水硬度的计算方法

（1）用度表示

$$x(度) = \frac{c_{EDTA}V_{EDTA}M_{CaO} \times 10^2}{V_{水样}}$$

（2）用 $CaCO_3$ 含量（$mg \cdot L^{-1}$）表示

$$\rho_{CaCO_3} = \frac{c_{EDTA}V_{EDTA}M_{CaCO_3} \times 10^3}{V_{水样}}$$

（3）用 CaO 含量（$mg \cdot L^{-1}$）表示

$$\rho_{CaO} = \frac{c_{EDTA}V_{EDTA}M_{CaO} \times 10^3}{V_{水样}}$$

【仪器与试剂】

仪器：酸式滴定管（50mL），锥形瓶（250mL），容量瓶（250mL），移液管（25mL），烧杯（250mL），电子天平，洗耳球。

试剂：乙二胺四乙酸二钠盐（EDTA）（s，AR），NH_3-NH_4Cl 缓冲溶液（pH＝10），铬黑 T 指示剂，甲基红，三乙醇胺（1:2 水溶液），HCl（1:1 水溶液，$6.0mol \cdot L^{-1}$），氨水（1:2 水溶液），氧化锌（99.99％）。

【实验步骤】

1. $0.01mol \cdot L^{-1}$ EDTA 标准溶液的配制和标定

① 准备好酸式滴定管和相关的分析仪器并洗刷干净。

② $0.02mol \cdot L^{-1}$ EDTA 标准溶液的配制。

称取 EDTA 二钠盐（AR）1.9g 于 250mL 烧杯中，加蒸馏水 150mL，加热溶解，必要时过滤。冷却后用蒸馏水稀释至 250mL，摇匀，保存在细口瓶中。

③ 氧化锌基准溶液的配制。

准确称取经 110℃ 烘干至恒重的基准物质氧化锌 0.20～0.22g，加入 3mL 稀盐酸使之溶解。将此溶液全部转移至 250mL 容量瓶中，用水冲洗烧杯壁几次，洗液一并转移到容量瓶中，用水稀释至刻度摇匀。

④ 标准溶液的标定。

用移液管移取基准溶液 25.00mL 于锥形瓶中，加 1 滴甲基红，用胶头滴管吸取稀氨水滴加基准溶液由红色变微黄色溶液即可。

在上述溶液中加 20mL 蒸馏水、10mL NH_3-NH_4Cl 缓冲溶液和 3 滴铬黑 T 指示剂，用配制的 EDTA 滴定至溶液由酒红色变为纯蓝色即为终点，记录消耗 EDTA 溶液的体积。平行测定 3 次，填写表 3-14。

表 3-14 EDTA 标准溶液的标定

项　　目	1	2	3
氧化锌基准溶液体积/mL	25.00	25.00	25.00
氧化锌基准溶液浓度/mol·L^{-1}			
EDTA 溶液体积/mL			
EDTA 溶液浓度/mol·L^{-1}			
EDTA 溶液平均浓度/mol·L^{-1}			
相对平均偏差			

计算公式：$c_{EDTA} = \dfrac{m_{ZnO} \times \dfrac{1}{10}}{V_{EDTA} \times M_{ZnO}}$，$M_{ZnO} = 81.38 \text{g·mol}^{-1}$

2. 水硬度的测定

移取 50.00mL 水样，于 250mL 锥形瓶中，加 1~2 滴 1:1 HCl 酸化，煮沸数分钟除去 CO_2，冷却后加 5.0mL 三乙醇胺、5.0mL pH=10 缓冲溶液、少许（约 5 滴）铬黑 T 指示剂。用 EDTA 标准溶液滴定，由酒红色变为纯蓝色即为终点。记录数据，计算 CaO 含量（mg·L^{-1}）及相对平均偏差，列入表 3-15 中。

表 3-15 水硬度的测定

项　　目	I	II	III
样品体积/mL			
EDTA 体积/mL			
平均体积/mL			
体积偏差/mL			
体积相对平均偏差/%			
CaO 含量/mg·L^{-1}			
CaO 平均含量/mg·L^{-1}			

【问题与讨论】

1. 测定水的总硬度时，为什么常加入少量 Mg-EDTA？它对测定有无影响？加入 Zn-EDTA 可否？

2. 测定水的总硬度时，为何要控制溶液的 pH=10？

实验 15　BaCl₂·2H₂O 中钡含量的测定

【实验目的】

1. 了解测定 $BaCl_2·2H_2O$ 中钡含量的原理和方法。

2. 掌握晶形沉淀的制备、过滤、洗涤、灼烧及恒重的基本操作。

【实验原理】

1. 难溶性钡盐

Ba^{2+} 能生成一系列的微溶化合物，如 $BaCO_3$、$BaCrO_4$、BaC_2O_4、$BaHPO_4$、$BaSO_4$ 等，其中以 $BaSO_4$ 的溶解度最小 [25℃时 $0.25mg·(100mL)^{-1}$ H_2O]，$BaSO_4$ 性质非常稳定，组成与化学式相符合，因此常以 $BaSO_4$ 重量法测 Ba^{2+}。

2. 钡盐的沉淀

虽然 $BaSO_4$ 的溶解度较小，但还不能满足重量法对沉淀溶解度的要求，必须加入过量的沉淀剂以降低 $BaSO_4$ 的溶解度。在灼烧时 H_2SO_4 能挥发，是沉淀 Ba^{2+} 的理想沉淀剂，使用时可过量 $50\%\sim100\%$。

$BaSO_4$ 沉淀初生成时，一般形成细小的晶体，过滤时易穿过滤纸，为了得到纯净而颗粒较大的晶体沉淀，应在热的酸性稀溶液中，在不断搅拌下逐滴加入热的稀 H_2SO_4。反应介质一般为 $0.05mol·L^{-1}$ 的 HCl 溶液，加热温度以近沸较好。在酸性条件下沉淀 $BaSO_4$ 还能防止 $BaCO_3$、$BaHPO_4$、BaC_2O_4、$BaCrO_4$ 等沉淀。

将所得的 $BaSO_4$ 沉淀经过陈化、过滤、洗涤、灼烧、最后称量，即可求得试样中 Ba^{2+} 的含量。若以 Ba^{2+} 的质量分数表示，则

$$w_{Ba^{2+}}=\frac{m_{BaSO_4}M_{Ba^{2+}}}{m_{样品}M_{BaSO_4}}\times100\%$$

【仪器与试剂】

仪器：泥三角，瓷坩埚，定量滤纸，长颈漏斗，煤气灯（或马弗炉）。

试剂：$BaCl_2·2H_2O$（s，AR），HCl（$2.0mol·L^{-1}$），H_2SO_4（$1.0mol·L^{-1}$），HNO_3（$2.0mol·L^{-1}$），$AgNO_3$（$0.10mol·L^{-1}$）。

【实验步骤】

1. 空坩埚的恒重

洗净两只瓷坩埚，在 $800\sim850℃$ 的温度下灼烧，第一次灼烧 30min，取出稍冷片刻，放入干燥器重新冷却至室温（约 30min），称重。第二次灼烧 $15\sim20min$，冷至室温，再称重，如此操作直到两次称量差值不超过 0.3mg，即已恒重。

2. 试样的称量及沉淀的制备

准确称取 $0.4\sim0.6g$ $BaCl_2·2H_2O$ 试样两份，分别置于 250mL 烧杯中，加入 $2.0\sim3.0mL$ $2.0mol·L^{-1}$ 盐酸，盖上表面皿，加热近沸，但勿使溶液沸腾，以防溅失。与此同时，再取 $1.0mol·L^{-1}$ H_2SO_4 $3.0\sim4.0mL$ 两份，分别置于两只 100mL 小烧杯中，各加水稀释至 30.0mL，加热近沸，然后将两份热的 H_2SO_4 溶液用滴管逐滴分别滴入两份热的钡

盐溶液中，并用玻璃棒不断搅拌。搅拌时，玻璃棒不要碰烧杯底内壁以免划损烧杯，致使沉淀黏附在烧杯壁上难于洗下。沉淀完毕后，待溶液澄清后，于上层清液中加入稀 H_2SO_4 1～2滴，以检查其沉淀是否完全。如果上清液中有浑浊出现，必须再加入 H_2SO_4 溶液，直至沉淀完全为止。盖上表面皿，将玻璃棒靠在烧杯嘴边（切勿将玻璃棒拿出杯外），置于水浴上加热，陈化 0.5～1h，并不时搅拌（也可在室温下放置过夜作为陈化）。

3. 沉淀的过滤和洗涤

溶液冷却后，用定量滤纸过滤。先将上层清液倾注在滤纸上，再以稀 H_2SO_4 洗涤液（自配 $0.01mol \cdot L^{-1}$ 的稀 H_2SO_4 200mL）用倾泻法洗涤沉淀 3～4 次，每次 10.0mL。然后将沉淀小心转移到滤纸上，并用一小片滤纸擦净杯壁，将滤纸片放在漏斗内的滤纸上，再用水洗涤沉淀至无氯离子为止（用 $AgNO_3$ 溶液检查）。

4. 沉淀的灼烧和恒重

将盛有沉淀的滤纸折成小包，放入已恒重的坩埚中，在煤气灯上烘干和炭化后，继续在 800～850℃高温中灼烧 1h。取出置于干燥器内冷却至室温，称量；第二次灼烧 15～20min，冷却，称量，如此操作直至恒重。根据 $BaSO_4$ 的质量，计算钡盐试样中钡的质量分数 $w_{Ba^{2+}}$，列入表 3-16 中。

表 3-16　$BaCl_2 \cdot 2H_2O$ 中钡含量的测定

实验项目 　　　编号	I	II
倾出前(称量瓶＋试样)质量/g 倾出后(称量瓶＋试样)质量/g 取出试样的质量/g		
($BaSO_4$＋坩埚)质量/g	① ②	① ②
坩埚质量/g	① ②	① ②
$BaSO_4$ 质量/g		
$w_{Ba^{2+}}$/%		
$w_{Ba^{2+}}$ 平均值/%		

【问题与讨论】

1. 沉淀 $BaSO_4$ 时为什么要在稀溶液中进行？不断搅拌的目的是什么？

2. 为什么沉淀 $BaSO_4$ 时要在热溶液中进行，而在自然冷却后进行过滤？趁热过滤或强制冷却好不好？

3. 洗涤沉淀时，为什么用洗涤液要少量、多次？

实验 16　自来水中氯离子含量的测定

【实验目的】

1. 了解沉淀法测定水中微量氯离子含量的方法。
2. 学习沉淀滴定的基本操作和沉淀滴定指示剂的指示原理。
3. 掌握硝酸银标准溶液的配制和标定方法。
4. 学会沉淀滴定过程中的系统误差分析。

【实验原理】

自来水中氯离子的定量测定，最常用的方法是莫尔法（又称银量法）。该法应用比较广泛，生活用水、工业用水、环境水质监测以及一些药品、食品中氯的测定都使用莫尔法。该法适用于不含季铵盐的循环冷却水和天然水中氯离子的测定，其含量小于 $100mg \cdot L^{-1}$。

莫尔法是在中性或碱性介质中（pH＝6.5～10.5）中，以 K_2CrO_4 为指示剂，用 $AgNO_3$ 标准溶液直接滴定 Cl^-，由于滴定过程中离子浓度先满足 AgCl 的溶度积条件，所以 AgCl 先沉淀出来，当 AgCl 几乎沉淀完全后，微量的 Ag^+ 与 CrO_4^{2-} 生成砖红色 Ag_2CrO_4 沉淀，指示滴定终点。

反应方程式如下：

$$Ag^+ + Cl^- \longrightarrow AgCl \downarrow \text{（白色）}$$

$$2Ag^+ + CrO_4^{2-} \longrightarrow Ag_2CrO_4 \downarrow \text{（砖红色）}$$

硝酸银为白色固体，见光受热易分解。具有较强的腐蚀性。早期医学上用来处理伤口消毒。因此需要防止其接触皮肤，配制的溶液要保存在棕色试剂瓶中。

【仪器与试剂】

仪器：天平（0.1g、0.1mg），酸式滴定管（棕色，50.00mL），移液管（25.00mL），锥形瓶（150mL），容量瓶（250mL），吸量管（1.00mL、5.00mL、10.00mL）。

试剂：K_2CrO_4（0.5%），$AgNO_3$（$0.005mol \cdot L^{-1}$），NaCl（s，基准试剂）。

【实验步骤】

1. $AgNO_3$ 标准溶液（$0.0050mol \cdot L^{-1}$）的配制与标定

称取 0.085g 硝酸银溶解于 100mL 不含 Cl^- 的蒸馏水中，摇匀后储存于带玻璃塞的棕色试剂瓶中，$AgNO_3$ 溶液的浓度约为 $0.005mol \cdot L^{-1}$，待标定。

准确称取 0.07～0.08g NaCl 基准试剂于小烧杯中，用蒸馏水溶解后，定量转移至 250mL 容量瓶中，稀释至刻度，摇匀。用吸量管吸取此溶液 10.00mL 置于 150mL 锥形瓶中，加入 1 滴 K_2CrO_4（0.5%）指示剂，在充分摇动下，用 $AgNO_3$ 溶液进行滴定，至呈现砖红色即为终点，平行测试三份，计算 $AgNO_3$ 溶液的准确浓度。

2. 自来水中氯离子含量的测定

准确移取 25.00mL 水样于 150mL 锥形瓶中，加入 1～2 滴 K_2CrO_4（0.5%）指示剂，用已经标定后的标准 $AgNO_3$ 溶液滴定至溶液由黄色浑浊呈现砖红色，即为终点。平行测定三份，计算自来水中氯离子含量。

【问题与讨论】

1. 指示剂用量的过多或过少，对测定结果有何影响？

2. 本实验为什么不能在酸性介质中进行？pH 值过高对结果有何影响？

3. 能否用标准氯化钠溶液直接滴定 Ag^+？如果这样，应该如何操作？

4. 测定有机物中的氯含量应如何进行？

实验 17　高锰酸钾法测定过氧化氢的含量

【实验目的】

1. 掌握高锰酸钾标准溶液的配制与标定方法。
2. 掌握高锰酸钾法测定过氧化氢含量的原理和操作方法。

【实验原理】

1. $KMnO_4$ 的性质

$KMnO_4$ 标准溶液不能直接配制，采用间接配制法。标定 $KMnO_4$ 溶液的基准物质：As_2O_3、铁丝、$H_2C_2O_4 \cdot 2H_2O$ 和 $Na_2C_2O_4$ 等，其中以 $Na_2C_2O_4$ 最常用。$Na_2C_2O_4$ 易纯制、不易吸湿、性质稳定。H_2SO_4 介质中，温度加热到 70～80℃。

$$2MnO_4^- + 5C_2O_4^{2-} + 16H^+ \longrightarrow 2Mn^{2+} + 10CO_2\uparrow + 8H_2O$$

$KMnO_4$ 作自身指示剂，终点颜色：微红色（0.5min 不褪色）。

$$c_{KMnO_4} = \frac{2}{5} \frac{m_{Na_2C_2O_4}}{M_{Na_2C_2O_4}} \times \frac{1}{V_{KMnO_4}}$$

2. 高锰酸钾法测定过氧化氢的含量

用高锰酸钾法测定过氧化氢的含量时，在酸性介质、室温下

$$2MnO_4^- + 5H_2O_2 + 6H^+ \longrightarrow 2Mn^{2+} + 5O_2\uparrow + 8H_2O$$

$KMnO_4$ 为自身指示剂，终点颜色：微红色（0.5min 内不褪色）。

$$\rho_{H_2O_2} = \frac{\frac{5}{2}c_{KMnO_4} V_{KMnO_4} M_{H_2O_2} \times 10^{-3}}{1.00 \times \frac{25.00}{250.00} \times 10^{-3}} \quad (g \cdot L^{-1})(V \text{ 的单位为 mL})$$

【仪器与试剂】

仪器：台秤（0.1g），分析天平（0.0001g），试剂瓶（棕色，500mL），酸式滴定管（棕色，50mL），锥形瓶（250mL），移液管（25mL），吸量管（1mL），玻璃砂芯漏斗。

试剂：H_2SO_4（1∶5 水溶液，3.6mol $\cdot$ L^{-1}），H_2O_2（30％），$KMnO_4$（s，AR），$Na_2C_2O_4$（s，AR）。

【实验步骤】

1. 0.02mol $\cdot$ L^{-1} $KMnO_4$ 标准溶液的配制和标定

用台秤称取 1.7～1.8g $KMnO_4$ 固体，溶在煮沸的 500mL 蒸馏水中，保持微沸约 1h，静置冷却后用倾析法倒入 500mL 棕色试剂瓶中，注意不能把杯底的棕色沉淀倒进去。标定前，其上层的溶液用玻璃砂芯漏斗过滤。残余溶液和沉淀则倒掉。把试剂瓶洗净，将滤液倒回瓶内，摇匀。

精确称取 0.15～0.20g 预先干燥过的 $Na_2C_2O_4$ 三份，分别置于 250mL 锥形瓶中，各加入 80～90mL 蒸馏水和 20mL 1∶5 H_2SO_4 使其溶解，慢慢加热直到有蒸气冒出（约 75～85℃）。趁热用待标定的 $KMnO_4$ 溶液进行滴定。开始滴定时，速度宜慢，在第一滴

KMnO$_4$ 溶液滴入后，不断摇动溶液，当紫红色褪去后再滴入第二滴，在滴定过程中温度不得低于 75℃，故可边加热边滴定。待溶液中有 Mn^{2+} 产生后，反应速率加快，滴定速度也就可适当加快，但也绝不可使 KMnO$_4$ 溶液连续流下。接近终点时，紫红色褪去很慢，应减慢滴定速度同时充分摇匀，以防超过终点。最后滴加半滴 KMnO$_4$ 溶液，在摇匀后 0.5min 内仍保持微红色不褪，表明已达到终点。记下终读数并计算 KMnO$_4$ 溶液的浓度及相对平均偏差，填入表 3-17。

表 3-17　KMnO$_4$ 标准溶液的标定

编　　号	1	2	3
m[Na$_2$C$_2$O$_4$＋称量瓶(倾出前)]/g			
m[Na$_2$C$_2$O$_4$＋称量瓶(倾出后)]/g			
$m_{\text{Na}_2\text{C}_2\text{O}_4}$/g			
V_{KMnO_4} 初始读数/mL			
V_{KMnO_4} 终点读数/mL			
V_{KMnO_4}/mL			
c_{KMnO_4}/mol·L^{-1}			
$\bar{c}_{\text{KMnO}_4}$/mol·L^{-1}			
相对平均偏差/%			

2. 过氧化氢含量的测定

用吸量管吸取 1.00mL H$_2$O$_2$ 样品，置于 250mL 容量瓶中，加水稀释至刻度，摇匀；用移液管移取 25.00mL 稀释液三份，分别置于三个 250mL 锥形瓶中，各加 1∶5 H$_2$SO$_4$ 5mL，用 KMnO$_4$ 标准溶液滴定至终点。记录数据，计算未经稀释样品中 H$_2$O$_2$ 的含量及相对平均偏差，填入表 3-18。

表 3-18　过氧化氢含量的测定

编　　号	1	2	3
c_{KMnO_4}/mol·L^{-1}			
H$_2$O$_2$(30%)体积/mL	1.00	1.00	1.00
V_{KMnO_4} 初始读数/mL			
V_{KMnO_4} 终点读数/mL			
V_{KMnO_4}/mL			
$\rho_{\text{H}_2\text{O}_2}$/g·L^{-1}			
$\bar{\rho}_{\text{H}_2\text{O}_2}$/g·L^{-1}			
相对平均偏差/%			

【问题与讨论】

1. 配制 KMnO$_4$ 标准溶液时，为什么要将 KMnO$_4$ 溶液煮沸一定时间并放置数天？配好的 KMnO$_4$ 溶液为什么要过滤后才能保存？过滤时是否可以用滤纸？

2. 用 KMnO$_4$ 滴定 Na$_2$C$_2$O$_4$ 过程中，加酸、加热、控制滴定速度等操作的目的是什么？

3. 标定 KMnO$_4$ 溶液时，为什么第一滴 KMnO$_4$ 的颜色褪得很慢，以后反而逐渐加快？

4. 用 KMnO$_4$ 法测定 H$_2$O$_2$ 时，为什么要在 H$_2$SO$_4$ 酸性介质中进行，能否用 HCl 来代替？

实验 18　卤元素的性质

第四部分

元素化合物性质实验

实验 18　s 区元素的性质

【实验目的】

1. 了解碱金属、碱土金属单质的主要性质。
2. 比较碱金属、碱土金属碳酸盐和硫酸盐的溶解性。
3. 观察焰色反应，并掌握其实验方法。

【实验原理】

碱金属和碱土金属分别是周期表ⅠA主族和ⅡA主族元素，皆为活泼金属元素。碱土金属的活泼性仅次于碱金属。钠和钾与水作用都很激烈，而镁与水作用缓慢，这是由于表面形成一层难溶于水的氢氧化镁，阻碍了金属镁与水的作用。

钠能溶于汞中生成钠汞齐：

$$Na + xHg \longrightarrow NaHg_x$$

当钠的质量分数小于1%时，钠汞齐呈液态；当钠的质量分数在1%～2.5%时，钠汞齐呈面团状；当钠的质量分数大于2.5%时，钠汞齐为银白色的固体。

钠汞齐与水接触时，其中汞仍保持惰性，钠则与水作用生成氢氧化钠，并放出氢气。

$$2NaHg_x + 2H_2O \longrightarrow 2NaOH + 2xHg \downarrow + H_2 \uparrow$$

由于汞是一种不活泼金属，它减缓了钠的活泼性，所以钠汞齐要比单纯的钠与水反应进行得缓慢安全。根据这一性质，钠汞齐在有机合成上用作还原剂。

碱金属的盐一般易溶于水，仅有少数盐类难溶于水，如 $K_2Na[Co(NO_2)_6]$、$NaAc \cdot Zn(Ac)_2 \cdot 3UO_2(Ac)_2 \cdot 9H_2O$ 等，而碱土金属的硫酸盐、草酸盐、碳酸盐、铬酸盐等都为难溶盐。

金属钠易与空气中的氧气作用生成浅黄色过氧化钠，其水溶液呈碱性，且不稳定，分解产生氧气。

$$Na_2O_2 + 2H_2O \longrightarrow 2NaOH + H_2O_2$$
$$2H_2O_2 \longrightarrow 2H_2O + O_2 \uparrow$$

碱金属和碱土金属及其挥发性的化合物在高温火焰中可放出一定波长的光，使火焰呈现特征的颜色。例如，钠成黄色，钾、铷、铯呈紫色，锂呈红色，钙呈砖红色，锶呈洋红色，钡呈黄绿色。利用焰色反应，可鉴定碱金属和碱土金属的离子。

【仪器与试剂】

仪器：坩埚，坩埚钳，烧杯（50mL），镊子，漏斗，试管，试管架，酒精灯，pH试纸，砂纸，滤纸，玻璃棒，镁条。

试剂：$Na_2O_2(s)$，$Na(s)$，$Hg(l)$，$H_2SO_4(1.0mol \cdot L^{-1})$，$HCl(2.0mol \cdot L^{-1}$，浓），$HAc(2.0mol \cdot L^{-1})$，$NaOH(2.0mol \cdot L^{-1})$，$NH_3 \cdot H_2O(2.0mol \cdot L^{-1})$，$NaAc(0.10mol \cdot L^{-1})$，$KNO_3(0.10mol \cdot L^{-1})$，$MgCl_2(0.10mol \cdot L^{-1})$，$CaCl_2(0.10mol \cdot L^{-1}$，$1.0mol \cdot L^{-1})$，$BaCl_2(0.10mol \cdot L^{-1})$，$K_2CrO_4(0.10mol \cdot L^{-1})$，$KMnO_4(0.10mol \cdot L^{-1})$，$Na_2CO_3(1.0mol \cdot L^{-1})$，饱和$(NH_4)_2C_2O_4$，饱和$(NH_4)_2SO_4$，$Na_2SO_4(1.0mol \cdot L^{-1})$，饱和

$Na_3[Co(NO_2)_6]$，酚酞（$2.0g \cdot L^{-1}$ 乙醇溶液），饱和醋酸铀酰锌溶液。

【实验步骤】

1. 碱金属、碱土金属的活泼性

① 用镊子取一小块金属钠，用滤纸吸干表面煤油，放入盛水的烧杯中，观察现象，并检验反应后所得溶液的酸碱性。写出有关反应方程式。

② 取一小段镁条，用砂纸擦去表面氧化物，放入盛水的烧杯中，观察现象。然后加热至沸，再观察现象，并检验反应后所得溶液的酸碱性。写出有关反应方程式。

通过上述实验现象比较第一主族和第二主族元素的活泼性。

2. 钠汞齐的生成和钠汞齐与水反应

① 用带有钩嘴的滴管吸取 1 滴汞置于小坩埚中（注意：切勿带进水！），再用镊子取一小块金属钠，用滤纸吸干其表面煤油，然后放到汞上，并用玻璃棒将钠压入汞滴内。由于反应放热，可能发生闪光和响声（注意安全！）。

② 将所得钠汞齐转入盛有少量水的烧杯中，并进行以下试验。

a. 检验溶液的酸碱性。

b. 当反应开始时立即用一漏斗倒扣在烧杯上，并用一小试管用排气法收集生成的气体，取下试管，用燃烧的火柴检验生成的气体。注意钠汞齐中的钠与水反应必须完全，然后将余下的汞回收。

c. 对比钠汞齐和金属钠与水反应的异同点，写出钠汞齐与水反应的反应方程式。

3. 过氧化钠的生成和性质

① 用镊子取一块绿豆粒大小的金属钠，用滤纸吸干其表面煤油，立即置于坩埚中加热，当钠刚开始燃烧时停止加热，观察反应情况和产物的颜色状态，写出有关反应方程式。

② 将上述制得的少量过氧化钠固体置于试管中，加入少量水，不断搅拌，用 pH 试纸检验溶液的酸碱性。将溶液加热，观察是否有气体产生，并检验该气体是什么气体。写出有关反应方程式。根据实验现象说明过氧化钠的性质。

4. 碱金属和碱土金属的难溶盐

① 钠和钾难溶盐的生成。取两支试管，分别加入少量 $0.1mol \cdot L^{-1}$ NaAc 溶液和 $0.1mol \cdot L^{-1}$ KNO_3 溶液，前者用 HAc 酸化，再加 1.0mL 饱和醋酸铀酰锌溶液，后者加饱和 $Na_3[Co(NO_2)_6]$ 溶液，观察产物的颜色和状态，写出有关反应方程式。

上述反应常用于 Na^+、K^+ 的鉴定。

② 碱土金属的难溶盐。

a. 取少量 $MgCl_2$、$CaCl_2$ 和 $BaCl_2$ 溶液，分别加入几滴 $1.0mol \cdot L^{-1}$ Na_2SO_4 溶液，观察有无沉淀生成，如有沉淀生成，取少量沉淀加入饱和$(NH_4)_2SO_4$ 溶液，观察沉淀是否溶解，并比较 $MgSO_4$、$CaSO_4$、$BaSO_4$ 在 $(NH_4)_2SO_4$ 溶液中的溶解性。

b. 取少量 $MgCl_2$、$CaCl_2$ 和 $BaCl_2$ 溶液，分别加入饱和$(NH_4)_2C_2O_4$ 溶液，观察有无沉淀生成，如有沉淀生成，分别试验沉淀与 $2.0mol \cdot L^{-1}$ HAc 溶液和 $2.0mol \cdot L^{-1}$ HCl 溶液的反应，写出有关反应方程式。并比较三种草酸盐的溶解度的大小。

c. 取少量 $CaCl_2$、$BaCl_2$ 溶液，分别加入 $0.10mol \cdot L^{-1}$ K_2CrO_4 溶液，观察现象，并观

察产物与 $2.0 mol \cdot L^{-1}$ HAc 溶液和 $2.0 mol \cdot L^{-1}$ HCl 溶液的反应，写出有关反应方程式。

d. 在 $MgCl_2$ 溶液中加入少量和过量的 Na_2CO_3 溶液，观察现象。然后另取 $CaCl_2$、$BaCl_2$ 溶液，分别加入 Na_2CO_3 溶液，观察现象。并观察所得沉淀与 $2.0 mol \cdot L^{-1}$ HAc 溶液反应的情况。

5. 碱土金属氢氧化物的溶解度

① 各取少量 $MgCl_2$、$CaCl_2$ 和 $BaCl_2$ 溶液，分别加入 $NH_3 \cdot H_2O$ 溶液，观察有无沉淀产生。

② 各取少量 $MgCl_2$、$CaCl_2$ 和 $BaCl_2$ 溶液，分别加入新配制（不含 CO_3^{2-}）的 $2.0 mol \cdot L^{-1}$ NaOH 溶液，观察有无沉淀产生。

根据实验结果，比较 $Mg(OH)_2$、$Ca(OH)_2$、$Ba(OH)_2$ 溶解度的大小。

【问题与讨论】

1. 为什么碱金属和碱土金属的单质一般都放在煤油中保存？它们的化学活泼性如何递变？

2. 为什么 $BaCO_3$、$BaCrO_4$ 和 $BaSO_4$ 在 HAc 溶液或 HCl 溶液中的溶解情况不同？

3. 为什么说焰色反应是由金属离子，而不是由非金属离子产生的？

实验 19　卤族元素的性质

【实验目的】

1. 掌握卤素及其卤酸盐的一些性质。

2. 掌握氯化氢和氯化物的性质。

【实验原理】

卤素单质具有很强的氧化性，且依 $F_2 > Cl_2 > Br_2 > I_2$ 次序氧化性减弱。氟能氧化所有的金属和非金属（除氮和氧），且反应十分激烈（燃烧和爆炸）。氯几乎也能与所有金属和非金属（除碳、氮和氧）直接作用，但反应较缓和。溴与氯的性质较类似，不过反应活性较低，常需要加热。碘的反应活性更差，只与较活泼的金属或较活泼的非金属作用。

卤素的含氧化合物均不太稳定，常发生歧化分解，或分解放出氧气。特别是在酸性或高温条件下更加不稳定，其氧化性也随之增强。

食盐和浓硫酸相互作用，即产生 HCl 气体，将 HCl 气体溶于水即得盐酸。

【仪器与试剂】

仪器：集气瓶，离心管，离心机，滴管，离心试管，试管，淀粉 KI 试纸，$Pb(Ac)_2$ 试纸，蓝石蕊试纸，淀粉试液，玻璃片，石棉网。

试剂：$KI(0.1mol \cdot L^{-1})$，氯水，$CHCl_3$，溴水，$KBr(0.1mol \cdot L^{-1})$，Sb（粉），Zn（粉），$I_2(s)$，$NaClO(1.0mol \cdot L^{-1})$，$HCl(12.0mol \cdot L^{-1}，1mol \cdot L^{-1})$，$MnSO_4(0.1mol \cdot L^{-1})$，靛蓝液，$H_2SO_4$（浓，$3.0mol \cdot L^{-1}$，$2.0mol \cdot L^{-1}$），$KClO_3(s)$，$KBr(s)$，$KI(s)$，$KCl(s)$，$MnO_2(s)$，$NaCl(0.1mol \cdot L^{-1})$，$HNO_3(6.0mol \cdot L^{-1})$，$AgNO_3(0.1mol \cdot L^{-1})$，$(NH_4)_2CO_3(12\%)$，液溴。

【实验步骤】

1. 氯、溴、碘氧化性的比较

（1）氯与碘氧化性的比较

在盛有 1.0mL 0.1mol·L^{-1} KI 溶液的试管中，逐滴加入氯水观察颜色的变化，再加 1.0mL 氯仿，振荡，观察氯仿层的颜色。然后再向此溶液中加入过量的氯水（或通氯气）至氯仿层的颜色消失为止。解释现象并写出反应式。

（2）溴和碘氧化性的比较

在盛有约 1.0mL 0.1mol·L^{-1} KI 溶液的试管中，逐滴加入溴水，再加入数滴淀粉溶液，记录观察到的现象，并写出反应式。

（3）氯与溴氧化性的比较

向盛有约 1.0mL 0.1mol·L^{-1} KBr 溶液的试管中，加入数滴氯水，观察溶液颜色的变化，再加 1.0mL 氯仿振荡，观察氯仿层的颜色。解释现象并写出反应式。

综合以上实验结果列出 Cl_2、Br_2、I_2 氧化性大小的递变顺序，并用标准电极电位来说明。

2. 卤素及其含氧酸盐的氧化性

（1）溴与锑粉的反应

取 1～2 滴液溴放入集气瓶中，盖上玻璃片，将其放在 50～60℃ 的热水浴中使溴蒸气充满集气瓶。再将稍微加热的锑粉撒落在溴中，观察反应的情况和产物的色态。写出溴和锑粉相互作用的反应方程式。

（2）碘与锌粉的反应

在干燥的石棉网上放少许锌粉和研细的碘，将二者混合均匀，用滴管在其上加 1～2 滴水，观察反应的情况。写出反应方程式。

（3）次氯酸钠的氧化性

取四支试管分别加入 1.0mL 次氯酸钠溶液，再进行下列实验。

① 第 1 支试管中加 0.5mL 浓盐酸。

② 第 2 支试管中加 0.5mL 0.1mol·L^{-1} $MnSO_4$ 溶液。

③ 第 3 支试管中加 0.5mL 0.1mol·L^{-1} KI 溶液和氯仿 1.0mL 振摇，观察氯仿层的颜色，再加入过量的次氯酸钠，振摇至氯仿层无色。

④ 在第 4 支试管中加 0.5mL 靛蓝溶液并用 2～3 滴 2.0mol·L^{-1} H_2SO_4 酸化。分别写出以上反应的反应方程式。

（4）氯酸钾的反应

① 取少许氯酸钾晶体，加入浓盐酸。如果反应不明显，可微热。

② 在试管中加入少量 $KClO_3$ 晶体，用 1.0～2.0mL 水溶解后，加入 10 滴 0.1mol·L^{-1} KI 溶液，把得到的溶液分成两份，一份用 1.0mol·L^{-1} H_2SO_4 酸化，另一份留作对照。稍等片刻，观察有何变化。试比较氯酸盐在中性和酸性溶液中的氧化性。

3. 卤素的制备

取 3 支干燥试管分别加入少许 KCl、KBr、KI 晶体，然后分别加入 2.0mL 3.0mol·L^{-1} H_2SO_4，再各加入少量 MnO_2，用淀粉 KI 试纸在装有 KCl 的试管口检查证明放出的气体是 Cl_2，在其余两个试管中分别加入 1.0mL 氯仿，观察氯仿层中的颜色，写出有关反应式。

4. 比较卤化氢的还原性

① 在一支干燥试管中加入几小粒 KCl 晶体和 2～3 滴浓硫酸，观察试管中的变化，并用蓝色石蕊试纸在试管口检查，证明所逸出的气体是 HCl。

② 在一支干燥试管中加入几小粒 KBr 晶体和 2～3 滴浓硫酸，观察试管中的变化，并用沾有 I_2 试液的试纸在试管口检查，证明所逸出的气体是 SO_2。

③ 在一支干燥试管中加入几小粒 KI 晶体和 2～3 滴浓硫酸，观察试管中的变化，并用醋酸铅试纸在试管口检查，证明所逸出的气体是 H_2S。

综合比较三支试管的反应产物，列出 Cl^-、Br^-、I^- 还原性大小递变规律，写出有关的化学反应方程式，并用标准电极电位来说明实验结果。

5. Cl^-、Br^-、I^- 混合溶液的分离和检出

（1）AgX 沉淀的生成

在离心试管中加入 3 滴 0.1mol·L^{-1} NaCl、0.1mol·L^{-1} KBr 和 0.1mol·L^{-1} KI 混合后，加 2 滴 6.0mol·L^{-1} HNO_3 酸化，再滴加 0.1mol·L^{-1} $AgNO_3$ 溶液至沉淀完全，然后

离心分离，弃去溶液，沉淀用蒸馏水洗涤 2 次，每次用水 4～5 滴，搅拌后离心分离，弃去溶液（用毛细吸管吸取）。

（2）AgCl 的溶解及 Cl^- 的检出

向上面所得卤化银沉淀上加 2.0mL（NH_4）$_2CO_3$（12%）溶液充分搅拌后，离心分离，将上清液[$Ag(NH_3)_2$]Cl 移于试管中，用 6.0mol·L^{-1} HNO_3 酸化，如果有白色的 AgCl 沉淀生成，表示有 Cl^- 存在，将剩余沉淀用作 Br^-、I^- 的检定。

（3）Br^- 和 I^- 的检出

在上述（2）中所得的沉淀中加 5 滴水和少量锌粉，充分搅拌，待卤化银被还原完全后（沉淀完全变黑），离心分离，吸取上清液于另一支试管中，加入 10 滴氯仿再滴加氯水，每加 1 滴均要充分振摇试管，并观察氯仿层颜色变化，如氯仿层显紫红色则表示有 I^- 存在（生成 I_2）。继续加入氯水至红紫色褪去（被氧化成无色的 $NaIO_3$）而氯仿层呈橙色或金黄色，表示有 Br^- 存在。

有关反应式：

$$2AgBr + Zn \longrightarrow Zn^{2+} + 2Br^- + 2Ag\downarrow$$
$$2AgI + Zn \longrightarrow Zn^{2+} + 2I^- + 2Ag\downarrow$$
$$2I^- + Cl_2 \longrightarrow I_2 + 2Cl^-$$
$$I_2 + 5Cl_2 + 6H_2O \longrightarrow 2HIO_3 + 10HCl$$
$$2Br^- + Cl_2 \longrightarrow Br_2 + 2Cl^-$$

【问题与讨论】

1. 如何证明次氯酸盐的氧化性？
2. 水溶液中，氯酸盐的氧化性与介质有何关系？
3. 用淀粉 KI 试纸检验 Cl_2 时，为什么试纸先呈蓝色，随后蓝色消失？

【注意事项】

1. 卤素单质有一定的毒性，注意操作规范，在通风橱内进行。
2. 实验用量要尽可能少，反应剧烈的情况要注意安全。

实验 20　氧、硫重要化合物的性质

【实验目的】

1. 掌握过氧化氢的氧化还原性和过二硫酸盐的氧化性。
2. 掌握硫代硫酸钠的制备和性质。
3. 掌握硫化氢的性质和硫化物的溶解性。

【实验原理】

过氧化氢的水溶液俗称双氧水。实验室可用稀硫酸与 BaO_2 或 Na_2O_2 反应来制备。

$$BaO_2 + H_2SO_4 \longrightarrow BaSO_4 \downarrow + H_2O_2$$

极纯的过氧化氢相当稳定，其水溶液分解作用在常温下较平稳。当溶液中含有微量杂质或一些重金属离子时都能加速过氧化氢的分解。

$$2H_2O_2 \longrightarrow 2H_2O + O_2 \uparrow$$

在酸性溶液中，H_2O_2 能使重铬酸盐生成过氧化铬 CrO_5。CrO_5 显蓝色，在乙醚中比较稳定，故通常在反应前预先加入一些乙醚；否则在水溶液中 CrO_5 进一步与 H_2O_2 反应，蓝色迅速消失。该反应可用来鉴定 H_2O_2 的存在。

$$4H_2O_2 + H_2Cr_2O_7 \longrightarrow 2CrO_5 + 5H_2O$$

$$2CrO_5 + 7H_2O_2 + 6H^+ \longrightarrow 2Cr^{3+} + 7O_2 \uparrow + 10H_2O$$

H_2O_2 是强氧化剂，但与更强的氧化剂作用时，它也是还原剂。在碱性介质中，H_2O_2 的还原性比酸介质中稍强。

过二硫酸盐具有极强的氧化性，在 $AgNO_3$ 的催化作用下 $S_2O_8^{2-}$ 能把 Mn^{2+} 氧化成 MnO_4^-。

$$5S_2O_8^{2-} + 2Mn^{2+} + 8H_2O \longrightarrow 2MnO_4^- + 10SO_4^{2-} + 16H^+$$

硫代硫酸钠只能存在于中性介质中，遇酸易分解，生成单质硫和二氧化硫气体。

$$Na_2S_2O_3 + 2HCl \longrightarrow 2NaCl + S \downarrow + SO_2 \uparrow + H_2O$$

硫代硫酸钠具有还原性，是一种中强还原剂，可被碘定量氧化为连四硫酸钠。

$$2Na_2S_2O_3 + I_2 \longrightarrow Na_2S_4O_6 + 2NaI$$

适量的 $AgNO_3$ 与 $S_2O_3^{2-}$ 作用，先生成白色 $Ag_2S_2O_3$ 沉淀，此沉淀不稳定，很快水解生成硫化银，沉淀颜色由白变黄至棕色，后变为黑色。

$$2Ag^+ + S_2O_3^{2-} \longrightarrow Ag_2S_2O_3 \downarrow （白色）$$

$$Ag_2S_2O_3 + H_2O \longrightarrow H_2SO_4 + Ag_2S \downarrow （黑色）$$

此法可用于硫代硫酸根离子的鉴定。但过量的 $S_2O_3^{2-}$ 可生成水溶性的配离子。

$$Ag^+ + 2S_2O_3^{2-} \longrightarrow [Ag(S_2O_3)_2]^{3-}$$

H_2S 是一种无色、具有臭鸡蛋味的气体，剧毒。空气中 H_2S 的允许含量不得超过 $0.01 mol \cdot L^{-1}$，故使用时必须在有效的通风条件下进行。H_2S 可溶于水，其饱和水溶液的浓度是 $0.1 mol \cdot L^{-1}$。H_2S 是强还原剂，多数金属硫化物难溶于水，且有特殊颜色。

【仪器与试剂】

仪器：表面皿，离心机，离心管，过滤装置，试管，石蕊试纸，pH 试纸，滤纸。

试剂：浓 HNO_3，浓 H_2SO_4，H_2SO_4（2.0mol·L^{-1}），HCl（12.0mol·L^{-1}，6.0mol·L^{-1}，2.0mol·L^{-1}），饱和 H_2S 溶液，NH_3·H_2O（2.0mol·L^{-1}），乙醚，K_2CrO_7（0.50mol·L^{-1}），H_2O_2（3%），$Pb(NO_3)_2$（0.50mol·L^{-1}），淀粉试剂（0.10mol·L^{-1}），$KMnO_4$（0.01mol·L^{-1}），$AgNO_3$（0.10mol·L^{-1}），$MnSO_4$（0.10mol·L^{-1}），NaCl（0.10mol·L^{-1}），$CuSO_4$（0.10mol·L^{-1}），Na_2S（0.10mol·L^{-1}），碘液（0.10mol·L^{-1}），NaOH（2.0mol·L^{-1}），Na_3AsO_3（0.20mol·L^{-1}），BaO_2（s），MnO_2（s），$(NH_4)_2S_2O_8$（s），FeS（s），硫黄粉，Na_2SO_3（s）。

【实验步骤】

1. 过氧化氢

（1）制备

向试管中加入 5.0mL 蒸馏水，滴入 2 滴浓硫酸，并置于冰-盐浴中冷却，搅拌条件下分次加入少量过氧化钡粉于溶液中，直到用石蕊试纸检查溶液呈中性或微酸性为止。滤除 $BaSO_4$ 沉淀。

鉴定 H_2O_2：取滤液 1.0mL 注入试管中，注入 0.5mL 乙醚和 2.0mol·L^{-1}硫酸 1.0mL，逐滴加入 0.50mol·L^{-1} K_2CrO_7 溶液，振荡试管，观察乙醚颜色的变化。

（2）性质

① 过氧化氢的催化分解　取 1.0mL H_2O_2（3%）于试管中，加入少许 MnO_2 固体，观察反应情况，并用火柴余烬检查生成的气体。

② 过氧化氢的氧化性　取 0.50mol·L^{-1} $Pb(NO_3)_2$ 溶液 1.0mL，滴加 H_2S 饱和溶液，观察产物的颜色和状态。离心分离，沉淀用水洗涤后，加 H_2O_2（3%）到沉淀完全变白为止。

往试管中注入 0.10mol·L^{-1} KI 溶液 0.5mL，加 2 滴 2.0mol·L^{-1} H_2SO_4，加 H_2O_2（3%）0.5mL，观察溶液的颜色，再加入 1 滴淀粉溶液，观察溶液的颜色。写出反应式。

③ 过氧化氢的还原性　往试管中注入 0.01mol·L^{-1} $KMnO_4$ 溶液 1.0mL，加入 3 滴 2.0mol·L^{-1} H_2SO_4，再滴入 H_2O_2（3%），振荡试管，直至加到溶液的紫红色消失为止。

往试管中注入 0.1mol·L^{-1} $AgNO_3$ 溶液 1.0mL，滴入 2.0mol·L^{-1}氨水至溶液呈现浑浊为止（切勿过量），再加滴 H_2O_2（3%）。观察产物的颜色和状态并用火柴余烬检验所放出的气体。

写出上述各反应有关反应式。

2. 过二硫酸盐的氧化性

① 往试管内注入 5.0mL 2.0mol·L^{-1} H_2SO_4 溶液、5.0mL 蒸馏水和 5 滴 0.10mol·L^{-1} $MnSO_4$ 溶液，混合均匀后，将溶液分成两份。在第一份中加入少量固体过二硫酸铵。第二份中加 1 滴 0.1mol·L^{-1} $AgNO_3$ 溶液和少量过二硫酸铵固体。将两支试管同时放入同一热水浴中加热，观察溶液的颜色变化情况。比较以上实验结果并解释之。写出有关反应式。

② 往试管中注入 0.10mol·L^{-1} KI 溶液 0.5mL，再用 0.20mol·L^{-1} H_2SO_4 溶液 0.5mL 酸化，然后加少量的固体过二硫酸铵，观察反应产物的颜色和状态。微热，产物有何变化？

写出反应方程式。

3. 硫代硫酸钠的制备和性质

（1）制备

称取 1.0g Na_2SO_3 和 0.2g 硫粉，放入 100mL 烧杯中，加 20.0mL 蒸馏水，加热，搅拌（注意防止烧杯中物溢出），沸腾后应保持 15min（在此实验过程中应补加少许水），然后放置，冷却过滤，即得 $Na_2S_2O_3$ 溶液，留作下面的实验。

（2）性质

① 与酸反应 取自制的 $Na_2S_2O_3$ 溶液 1.0mL，滴加 $6.0mol\cdot L^{-1}$ HCl，观察溶液的变化，实验产生的气体是什么？写出反应式。

② 还原性 取自制的 $Na_2S_2O_3$ 溶液 2 滴，加水 2.0mL，加数滴淀粉溶液，然后滴加 $0.1mol\cdot L^{-1}$ 碘液，不断振荡，有何现象？写出反应式。

③ $S_2O_3^{2-}$ 的鉴定 取 15 滴自制的 $Na_2S_2O_3$ 溶液，再加入数滴 $0.1mol\cdot L^{-1}$ $AgNO_3$ 至有白色沉淀产生，观察沉淀颜色变化（白色→黄色→棕色→黑色），写出反应式。利用硫代硫酸银分解的颜色变化，可以鉴定 $S_2O_3^{2-}$ 的存在。

4. 硫化氢和硫化物

（1）硫化氢的制备

取约 3.0g 硫化亚铁放入大试管中，注入 $6.0mol\cdot L^{-1}$ 盐酸 6.0mL，安上带有导管的橡皮塞，导出 H_2S 气体。

（2）硫化氢的性质

① H_2S 的燃烧 在玻璃导管的尖嘴处点燃 H_2S，观察 H_2S 气体的燃烧情况，写出反应方程式。卸下尖嘴，接上导管，将 H_2S 通入盛水的瓶中，制取 H_2S 溶液备用。

② H_2S 的还原性 往试管中注入 2.0mL H_2S 水溶液，逐滴加入酸化后的 $0.01mol\cdot L^{-1}$ $KMnO_4$ 溶液，然后，观察溶液的颜色和产物的状态。写出反应方程式。

（3）硫化物的溶解性

① 取 2 支试管，分别注入 $0.1mol\cdot L^{-1}$ $MnSO_4$、$0.1mol\cdot L^{-1}$ $CuSO_4$ 溶液各 0.5mL，然后再分别逐滴加入 $0.1mol\cdot L^{-1}$ Na_2S 溶液，观察是否有沉淀生成。

将沉淀离心分离，往沉淀中分别注入 $2.0mol\cdot L^{-1}$ 盐酸，观察沉淀、溶解情况。

将不溶解的沉淀离心分离后，加入 $6.0mol\cdot L^{-1}$ 盐酸，若沉淀不溶，将沉淀离心分离后再加入浓硝酸（可微热），观察沉淀、溶解情况。

试从以上的实验结果比较金属硫化物的溶解性差异。

② 在盛有 $0.2mol\cdot L^{-1}$ 亚砷酸钠溶液 0.5mL 和 0.5mL 浓盐酸混合液的离心管中通入 H_2S 气体，观察有何现象？离心分离，弃去溶液，洗涤沉淀至中性，往沉淀中加入 $0.5mol\cdot L^{-1}$ Na_2S 溶液，观察有何现象？再加入 $2.0mol\cdot L^{-1}$ 盐酸又有何现象？写出反应式。

③ 按同法制得 As_2S_3 沉淀，加入 $2.0mol\cdot L^{-1}$ NaOH 溶液，有何现象？

【注意事项】

1. H_2S 的安全操作：H_2S 是无色具有臭鸡蛋味的有毒气体，空气中含有 0.05% 的 H_2S 就能引起中毒（头痛、头晕、呕吐）。因此，在制备和使用 H_2S 时，必须在通风橱内进行操作，并尽量保持室内通风良好（如开门、开窗）。如有吸入而引起不适的感觉，应立即到室外呼吸新鲜空气。

2. H_2S 与空气的混合气体具有爆鸣气性质，应予以注意。H_2S 燃烧时，有刺激性的有毒气体 SO_2 产生，应在通风橱内进行，注意安全。不用的 H_2S 气体应通入氢氧化钠溶液中，以免污染空气。

实验 21　氮、磷重要化合物的性质

【实验目的】

1. 掌握铵盐、亚硝酸及其盐的性质，硝酸及其盐和磷酸的性质。
2. 掌握 NH_4^+、NO_3^- 的鉴定方法。

【实验原理】

亚硝酸稳定性差，易分解，它仅存在于冷的稀水溶液中，为一元弱酸。

$$2HNO_2 \underset{冷}{\overset{热}{\rightleftharpoons}} H_2O + NO\uparrow + NO_2\uparrow$$

NO_2^- 既具有氧化性，也具有还原性。

$$2NO_2^- + 2I^- + 4H^+ \longrightarrow I_2 + 2NO\uparrow + 2H_2O$$

$$2MnO_4^- + 5NO_2^- + 6H^+ \longrightarrow 5NO_3^- + 2Mn^{2+} + 3H_2O$$

硝酸的重要性质是强氧化性，浓度愈大，氧化性愈强。这是由于硝酸分子结构不对称、氮的氧化数最高（＋5）、其分解产物 NO_2 又有催化作用等原因所致。硝酸作氧化剂时，本身被还原成各种低氧化态的产物，具体产物与硝酸的浓度、还原剂的本性及反应温度等因素有关。大致规律如下。

① 浓硝酸反应的产物是 NO_2，稀硝酸的产物是 NO。例如：

$$Cu + 4HNO_3(浓) \longrightarrow Cu(NO_3)_2 + 2NO_2\uparrow + 2H_2O$$

$$3Cu + 8HNO_3(稀) \longrightarrow 3Cu(NO_3)_2 + 2NO\uparrow + 4H_2O$$

② 活泼金属与稀硝酸反应，产物可以是 N_2O，若硝酸很稀可生成铵盐。例如：

$$4Zn + 10HNO_3(稀) \longrightarrow 4Zn(NO_3)_2 + N_2O + 5H_2O$$

$$4Zn + 10HNO_3(极稀) \longrightarrow 4Zn(NO_3)_2 + NH_4NO_3 + 3H_2O$$

由于硝酸根离子结构上的稳定性，硝酸盐水溶液没有氧化性。各种固体硝酸盐受热都可分解，其产物随金属活泼性而不同，分别是亚硝酸盐、氧化物和金属单质：

$$2NaNO_3 \overset{\triangle}{\longrightarrow} 2NaNO_2 + O_2\uparrow$$

$$2Cu(NO_3)_2 \overset{\triangle}{\longrightarrow} 2CuO + 4NO_2\uparrow + O_2\uparrow$$

$$2AgNO_3 \overset{\triangle}{\longrightarrow} 2Ag + 2NO_2\uparrow + O_2\uparrow$$

磷酸是三元酸，所以有三个系列的磷酸盐。所有磷酸二氢盐都易溶于水。除碱金属和铵盐外，其它金属的磷酸氢盐和正磷酸盐都难溶。

磷酸二氢盐的水溶液中，$H_2PO_4^-$ 的电离程度大于它水解的程度，所以溶液呈酸性。磷酸氢二盐的水溶性呈碱性，因为 HPO_4^{2-} 水解的程度大于它电离的程度，正磷酸盐的溶液则碱性更强，因 PO_4^{3-} 只进行水解。实验室及医药工作中，常用各种磷酸盐配制缓冲溶液。

磷的卤化物都易水解。最终生成亚磷酸或磷酸：

$$PCl_5 + H_2O \longrightarrow POCl_3 + 2HCl$$

$$POCl_3 + 3H_2O \longrightarrow H_3PO_4 + 3HCl$$

NH_4^+ 的鉴定可用奈斯勒试剂（$K_2[HgI_4]$＋KOH），如有红棕色沉淀生成表示有 NH_4^+。

$$NH_4Cl+2K_2[HgI_4]+4KOH =\!\!= O\!\!<\!\!\genfrac{}{}{0pt}{}{Hg}{Hg}\!\!>\!\!NH_2I \downarrow (红棕色)+KCl+7KI+3H_2O$$

棕色环法可鉴定 NO_2^- 和 NO_3^-，取试液加入固体 $FeSO_4$ 使其溶解。若加入 HAc 后，溶液呈棕色表示有 NO_2^-。如果加入浓 H_2SO_4 使之分层，在试液分界处出现棕色，则表示有 NO_3^-。反应式为

$$HNO_2+Fe^{2+}+HAc \longrightarrow NO\uparrow +Fe^{3+}+Ac^-+H_2O$$

$$NO_3^-+3Fe^{2+}+4H^+ \longrightarrow NO\uparrow +3Fe^{3+}+2H_2O$$

$$Fe^{2+}+NO \longrightarrow [Fe(NO)]^{2+} \quad [亚硝基合铁（Ⅲ）离子]$$

鉴定 NO_2^- 也可以在酸性条件下与对氨基苯磺酸和 α-萘胺反应，生成红色偶氮类化合物。

PO_4^{3-} 在酸性溶液中与 $(NH_4)_2MoO_4$ 生成黄色的磷钼酸铵沉淀。

$$PO_4^{3-}+12MoO_4^{2-}+3NH_4^++24H^+ \longrightarrow (NH_4)_3PO_4\cdot12MoO_3\cdot6H_2O\downarrow+6H_2O$$
$$(黄色)$$

【仪器与试剂】

仪器：表面皿，点滴板，试管，精密 pH 试纸，广泛 pH 试纸，锌片，铜屑。

试剂：$NH_4Cl(s)$，$NH_4NO_3(s)$，$(NH_4)_2SO_4(s)$，$(NH_4)_2CO_3(s)$，$NaNO_3(s)$，$Pb(NO_3)_2(s)$，$AgNO_3(s)$，$PCl_5(s)$，$H_2SO_4(6.0mol\cdot L^{-1})$，$NaNO_2(0.50mol\cdot L^{-1})$，饱和 $NaNO_2$，$KI(0.10mol\cdot L^{-1})$，$KMnO_4(0.01mol\cdot L^{-1})$，硫黄，$HNO_3(2.0mol\cdot L^{-1}$、$6.0mol\cdot L^{-1})$，浓 HNO_3，$NaH_2PO_4(0.10mol\cdot L^{-1})$，$AgNO_3(0.10mol\cdot L^{-1})$，$CaCl_2(0.20mol\cdot L^{-1})$，氨水（$2.0mol\cdot L^{-1}$），浓氨水，$HCl(2.0mol\cdot L^{-1})$，$NaOH(6.0mol\cdot L^{-1})$，$HAc(6.0mol\cdot L^{-1})$，奈斯勒试剂，对氨基苯磺酸，$\alpha$-萘胺，$FeSO_4(0.50mol\cdot L^{-1})$，$NaNO_3(0.50mol\cdot L^{-1})$，$(NH_4)_2MoO_4$（$0.10mol\cdot L^{-1}$），镁铵试剂，冰块。

【实验步骤】

1. 铵盐的性质

（1）铵盐的溶解性

观察表 4-1 物质的颜色、状态，试验它们在水中的溶解性，并用精密 pH 试纸测定溶液的 pH。

表 4-1　铵盐的溶解性试验记录

铵盐	NH_4NO_3	$(NH_4)_2SO_4$	$(NH_4)_2CO_3$
颜色、状态			
溶解性			
pH 值			

（2）氯化铵的热分解

在一支干燥的试管中，放入 1.0g 固体 NH_4Cl，加热，并用湿润的 pH 试纸在管口检验逸出的气体，观察试纸颜色的变化。继续加热，pH 试纸又有什么变化？同时观察试管壁上部有何变化？试证明它仍是 NH_4Cl，解释原因，写出反应方程式。总结铵盐的性质。

2. 亚硝酸和亚硝酸盐

（1）亚硝酸的生成和分解

将 $6.0mol \cdot L^{-1}$ H_2SO_4 溶液 2.0mL 注入在冰浴中冷却的 2.0mL 饱和 $NaNO_2$ 溶液中，观察反应情况和产物的颜色。将试管自冰浴中取出，放置片刻，观察有何现象发生，解释现象，写出反应方程式。

（2）亚硝酸的氧化性和还原性

① 在 $0.50mol \cdot L^{-1}$ $NaNO_2$ 溶液 1.0mL 中加 2 滴 $0.10mol \cdot L^{-1}$ KI 溶液，体系中是否有变化？再滴加 $6.0mol \cdot L^{-1}$ H_2SO_4 溶液，有何现象？如何检验反应产物？写出反应方程式。

② 在 $0.50mol \cdot L^{-1}$ $NaNO_2$ 溶液 1.0mL 中加 2 滴 $0.01mol \cdot L^{-1}$ $KMnO_4$ 溶液，有何现象？再滴加 $6.0mol \cdot L^{-1}$ H_2SO_4，有何变化？写出反应方程式。

通过上述实验，说明亚硝酸具有什么性质？为什么？

3. 硝酸和硝酸盐

（1）硝酸的氧化性

① 浓硝酸与非金属反应：往少量硫黄（米粒大）中，注入 1.0mL 浓硝酸，在水浴中加热至沸腾。观察有何气体产生？冷却后，取少许反应后的硝酸溶液，在另一试管中检查有无 SO_4^{2-} 生成。

② 浓硝酸与金属反应：往少量铜屑中注入 1.0mL 浓硝酸，观察气体和溶液的颜色。

③ 稀硝酸与金属反应：往少量铜屑中注入 $2.0mol \cdot L^{-1}$ HNO_3 溶液 1.0mL，微热，与前一实验比较，观察两者有何不同。

④ 往锌片中注入 $2.0mol \cdot L^{-1}$ HNO_3 溶液 1.0mL，放置片刻后，取出少许溶液，用气室法检验有无 NH_4^+ 生成。

写出上述几个反应的方程式，总结硝酸与金属、非金属的反应规律，并说明原因。

（2）硝酸盐的分解

在三支干燥试管中，分别加入少量固体 $NaNO_3$、$Pb(NO_3)_2$、$AgNO_3$ 加热，观察反应情况和产物的颜色、状态，检验气体产物。写出反应方程式。

4. 磷酸盐的性质

（1）酸碱性

用 pH 试纸分别确定 $0.10mol \cdot L^{-1}$ NaH_2PO_4、Na_2HPO_4、Na_3PO_4 溶液的酸碱性有何不同？为什么？

分别往两支试管注入 1.0mL 的 $0.10mol \cdot L^{-1}$ NaH_2PO_4 和 Na_2HPO_4、Na_3PO_4 溶液，再各滴加 $0.10mol \cdot L^{-1}$ $AgNO_3$ 溶液，是否有沉淀产生？试验溶液的酸碱性有无变化？为什么？写出反应方程式。

（2）溶解性

分别往三支试管中注入 $0.10mol \cdot L^{-1}$ NaH_2PO_4、Na_2HPO_4、Na_3PO_4 溶液各 $1.0mL$，再滴入 $0.20mol \cdot L^{-1}$ $CaCl_2$ 溶液，观察有何变化？滴入几滴 $2.0mol \cdot L^{-1}$ 氨水，有何变化？再逐滴加入 $2.0mol \cdot L^{-1}$ HCl 又有何现象发生？

比较 $Ca(H_2PO_4)_2$、$CaHPO_4$ 和 $Ca_3(PO_4)_2$ 的溶解性，说明它们之间相互转化的条件，写出反应方程式。

5. 五氯化磷的水解

取少量固体 PCl_5 溶于蒸馏水中，观察有何现象？用 pH 试纸检验溶液的酸碱性，写出反应方程式，检验 PCl_5 的水解产物。

6. 离子的鉴定

(1) NH_4^+ 的鉴定

取 1 滴铵盐溶液滴入碘滴板中，加 2 滴奈斯勒试剂（$K_2[HgI_4]$＋KOH），即生成红棕色沉淀。

(2) NO_2^- 的鉴定

取 1 滴 $0.50mol \cdot L^{-1}$ $NaNO_2$ 溶液与试管中，滴入 9 滴蒸馏水，再加入 5 滴 $6.0mol \cdot L^{-1}$ HAc 酸化，然后加 1 滴对氨基苯磺酸和 1 滴 α-萘胺，溶液即显红色。

(3) NO_3^- 的鉴定

在小试管中注入 10 滴 $0.50mol \cdot L^{-1}$ $FeSO_4$ 和 5 滴 $0.50mol \cdot L^{-1}$ $NaNO_3$ 溶液摇匀，然后斜持试管，沿着管壁慢慢滴入 1 滴管浓硫酸，由于浓硫酸的比重较上述液体大，流入试管底部，形成两层，这时两层液体界面上有一棕色环。

(4) PO_4^{3-} 的鉴定

① 磷酸镁铵沉淀法：在 2 滴 PO_4^{3-} 试液中滴入数滴镁铵试剂，则有白色沉淀生成（若试液为酸性，可用浓氨水调至碱性后再试验）。其反应方程式如下：

$$PO_4^{3-} + NH_4^+ + Mg^{2+} \longrightarrow MgNH_4PO_4 \downarrow （白色）$$

② 磷钼酸铵法：在 3 滴 PO_4^{3-} 试液中滴入 1 滴 $6.0mol \cdot L^{-1}$ HNO_3 及 10 滴 $0.10mol \cdot L^{-1}$ $(NH_4)_2MoO_4$ 溶液，有黄色沉淀产生。

【问题与讨论】

1. 为什么一般情况下不用硝酸作为酸性反应介质？

2. 以 Na_2HPO_4 和 NaH_2PO_4 为例，说明酸式盐溶液是否都呈酸性？

3. 固体 PCl_5 水解后，溶液中存在着 Cl^- 和 PO_4^{3-}，但加入 $AgNO_3$ 溶液时为什么只有 $AgCl$ 沉淀析出？在什么条件下可使 Ag_3PO_4 沉淀析出？

【注意事项】

除一氧化二氮外，所有氮的氧化物都有毒。其中尤以二氧化氮为甚，其允许含量为每升空气中不得超过 $0.005mL$。二氧化氮中毒尚无特效药物治疗，一般是输入氧气以帮助呼吸和血液循环。由于硝酸的分解产物或还原物大多为氮的氧化物，因此涉及硝酸的反应均应在通风橱内进行。

实验 22　铝、锡、铅重要化合物的性质

【实验目的】

1. 掌握锡（Ⅱ）、铅（Ⅱ）氢氧化物的酸碱性；锡（Ⅱ）的强还原性和铅（Ⅳ）的氧化性；锡、铅难溶盐的生成和性质。

2. 掌握金属铝和铝盐的性质；了解氧化铝的吸附性。

【实验原理】

1. 锡和铅氢氧化物的酸碱性

当锡和铅的盐和强碱作用时，可得到锡和铅的氢氧化物，这些氢氧化物中除了 $Pb(OH)_4$ 是棕色沉淀外，其余均为无定形的白色沉淀，在水中溶解度都很小，且是两性氢氧化物，它们酸碱的变化规律为：

碱性增强 ↑
$$Sn(OH)_2 \qquad Sn(OH)_4$$
$$Pb(OH)_2 \qquad Pb(OH)_4$$
(碱性为主)
酸性增强 ↑

碱性减弱,酸性增强 →

锡（Ⅳ）的氢氧化物由 $SnO_2 \cdot xH_2O$ 组成，称为锡酸，锡酸分为 α-锡酸和 β-锡酸两种，α-锡酸为无定形粉末，能溶于酸和碱。

$$Sn(OH)_4 + 4HCl \Longrightarrow SnCl_4 + 4H_2O$$

$$Sn(OH)_4 + 2NaOH \Longrightarrow Na_2[Sn(OH)_6]$$

β-锡酸是晶态的，由金属锡和浓 HNO_3 反应制得，它既不溶于酸也不溶于碱。

2. 锡（Ⅱ）还原性和铅（Ⅳ）的氧化性

亚锡酸盐和氯化亚锡都具有较强的还原性，在碱性溶液中，$[Sn(OH)_4]^{2-}$ 能把 Bi^{3+} 还原为金属铋：

$$3[Sn(OH)_4]^{2-} + 2Bi^{3+} + 6OH^- \longrightarrow 3[Sn(OH)_6]^{2-} + 2Bi\downarrow （黑）$$

在酸性溶液中，Sb^{2+} 能把 Fe^{3+} 还原为 Fe^{2+}。

PbO_2 是常用的氧化剂，在酸性介质中，可将 Mn^{2+} 氧化成 MnO_4^-，此法可用于鉴定 Mn^{2+}。PbO_2 也可和 HCl、H_2SO_4 发生还原反应。

$$2Mn^{2+} + 5PbO_2 + 4H^+ \longrightarrow 2MnO_4^- + 5Pb^{2+} + 2H_2O$$

$$PbO_2 + 4HCl \longrightarrow PbCl_2 + Cl_2 + 2H_2O$$

3. 锡、铅难溶化合物的生成和性质

铅盐大多都难溶于水和稀酸，且铅盐的沉淀大多具有特征的颜色。

$PbCl_2$	$PbSO_4$	$PbCO_3$	PbI_2	$PbCrO_4$	PbS
白色	白色	白色	金黄色	黄色	黑色

$PbCl_2$ 可溶于热水和浓 HCl 中；$PbSO_4$ 可溶于浓硫酸或饱和的 NH_4Ac 溶液中，也溶于

强碱中；PbI_2 能溶于沸水或 KI 溶液中。

$$PbCl_2 + 2HCl（浓）\longrightarrow H_2[PbCl_4]$$

$$PbSO_4 + H_2SO_4（浓）\longrightarrow Pb(HSO_4)_2$$

$$PbSO_4 + 3Ac^- \longrightarrow [Pb(Ac)_3]^- + SO_4^{2-}$$

$$PbI_2 + 2KI \longrightarrow K_2[PbI_4]$$

$PbCrO_4$ 因其具有特征的颜色且溶解度小，常被用于定性鉴定 Pb^{2+}，它和其它黄色难溶盐的区别在于能溶于碱。

$$PbCrO_4 + 3OH^- \longrightarrow [Pb(OH)_3]^- + CrO_4^{2-}$$

锡、铅的硫化物都难溶于水和稀酸，且具有特征的颜色。

SnS	SnS_2	PbS
棕色	黄色	黑色

与氧化物相似，低氧化态的硫化物呈碱性，高氧化态的硫化物有两性，因此，SnS、PbS 能溶于酸而不溶于碱。而 SnS_2 既能溶于浓 HCl 也能溶于碱或 Na_2S 溶液中。利用 SnS 和 SnS_2 在碱性金属硫化物中溶解度不同可鉴别 Sn^{4+} 和 Sn^{2+}。

$$SnS + 4HCl \longrightarrow H_2[SnCl_4] + H_2S\uparrow$$

$$PbS + 4HCl（浓）\longrightarrow H_2[PbCl_4] + H_2S\uparrow$$

$$3PbS + 8HNO_3（浓）\longrightarrow 3Pb(NO_3)_2 + 3S\downarrow + 2NO\uparrow + 4H_2O$$

$$SnS_2 + 6HCl \longrightarrow H_2[SnCl_6] + 2H_2S\uparrow$$

$$3SnS_2 + 6NaOH \longrightarrow 2Na_2SnS_3 + Na_2[Sn(OH)_6]$$

$$SnS_2 + Na_2S \longrightarrow Na_2SnS_3（硫代锡酸钠）$$

铝是一种较活泼的金属元素，很易与空气中的氧反应生成 Al_2O_3。

$$2Al + \frac{3}{2}O_2 \longrightarrow Al_2O_3$$

Al^{3+} 水解性很强，当铝的弱酸盐溶于水时，由于双水解作用，可使水解趋于完全。因此，溶液中 Al^{3+} 与弱酸根离子作用时，生成的是 $Al(OH)_3$ 沉淀。

【仪器与试剂】

仪器：蒸发皿，吸附柱（$\phi 13mm \times 400mm$），离心机，锥形瓶，离心试管，试管，玻璃棉，砂纸，铝片。

试剂：PbO_2，Al_2O_3（层析试剂），锡粒，$SnCl_2$，HNO_3（$0.50mol \cdot L^{-1}$，$2.0mol \cdot L^{-1}$，$6.0mol \cdot L^{-1}$，浓），$SnCl_2$（$0.5mol \cdot L^{-1}$），$Pb(NO_3)_2$（$0.50mol \cdot L^{-1}$），$Bi(NO_3)_3$（$0.50mol \cdot L^{-1}$），$SnCl_4$（$0.20mol \cdot L^{-1}$），$MnSO_4$（$0.10mol \cdot L^{-1}$），饱和 $NaAc$ 溶液，饱和 H_2S 溶液，KI（$1.0mol \cdot L^{-1}$），$NaOH$（$2.0mol \cdot L^{-1}$，$6.0mol \cdot L^{-1}$，40%），K_2CrO_4（$0.5mol \cdot L^{-1}$），HCl（$2.0mol \cdot L^{-1}$，$6.0mol \cdot L^{-1}$，浓），H_2SO_4（$1.0mol \cdot L^{-1}$，$3.0mol \cdot L^{-1}$，浓），$FeCl_3$（$0.50mol \cdot L^{-1}$），$(NH_4)_2S_x$（$1.0mol \cdot L^{-1}$），Na_2S（$1.0mol \cdot L^{-1}$），$KMnO_4$ 和 $K_2Cr_2O_7$ 混合液（$0.01mol \cdot L^{-1}$），$HgCl_2$（$0.20mol \cdot L^{-1}$），$Al_2(SO_4)_3$（$0.50mol \cdot L^{-1}$），乙醇，$(NH_4)_2S$（$3.0mol \cdot L^{-1}$），$NaAc$（$1.0mol \cdot L^{-1}$），$AlCl_3$（$0.50mol \cdot L^{-1}$）。

【实验步骤】

1. 锡（Ⅱ）、铅（Ⅱ）氢氧化物的酸碱性

（1）氢氧化锡（Ⅱ）的生成和酸碱性

在离心试管中注入 0.50mol·L^{-1} SnCl$_2$ 溶液 1.0mL，滴入 2.0mol·L^{-1} NaOH 溶液，即得白色的氢氧化锡（Ⅱ）沉淀。离心，弃去上清液，将沉淀分为两份，实验其对稀碱和稀酸溶液的反应。写出反应方程式（溶于碱所得的溶液留作后续实验使用）。

（2）氢氧化铅（Ⅱ）的生成和酸碱性

用 0.50mol·L^{-1} Pb(NO$_3$)$_2$ 溶液与稀碱溶液制备氢氧化铅（Ⅱ），离心分离，弃去上清液，实验氢氧化铅（Ⅱ）对稀酸（什么酸适宜？）和稀碱的作用。写出反应方程式。

根据上面实验，试对氢氧化锡（Ⅱ）和氢氧化铅（Ⅱ）的酸碱性做出结论。

（3）α-锡酸与 β-锡酸的生成和性质

① α-锡酸的生成和酸碱性 取 1.0mL 0.2mol·L^{-1} SnCl$_4$ 溶液与稀的 NaOH 溶液反应，即得 α-锡酸。离心分离，弃去上清液，实验 α-锡酸与稀酸和稀碱的反应。写出有关的反应方程式。

② β-锡酸的生成和性质 取少量金属锡放入蒸发皿中，注入浓 HNO$_3$，微热，观察现象。写出反应方程式。（本实验在通风橱中进行）

实验沉淀物同 6.0mol·L^{-1} NaOH、40% NaOH 溶液以及 6.0mol·L^{-1} HCl 溶液反应。

根据实验结果，比较 α-锡酸与 β-锡酸性质上的差异。

2. 锡（Ⅱ）的还原性和铅（Ⅳ）的氧化性

（1）锡（Ⅱ）的还原性

① 实验 SnCl$_2$ 与 FeCl$_3$ 溶液的反应。

② 在自制的亚锡酸钠溶液中，注入 0.50mol·L^{-1} Bi(NO$_3$)$_3$ 溶液，观察现象。此反应可用来鉴定 Sn^{2+} 和 Bi^{3+}。

（2）铅（Ⅳ）的氧化性

① 在少量的 PbO$_2$ 中，注入浓 HCl，观察现象，并鉴定气体产物，写出反应方程式。

② 在少量的 PbO$_2$ 中，加入 2.0mL 稀 H$_2$SO$_4$ 及 2 滴 0.10mol·L^{-1} MnSO$_4$ 溶液，微热，观察现象。写出反应方程式。

3. 锡、铅难溶化合物的生成和性质

（1）氯化铅

在 1.0mL 水中滴数滴 0.50mol·L^{-1} Pb(NO$_3$)$_2$ 溶液，再滴几滴稀 HCl，即有白色的 PbCl$_2$ 沉淀生成。将所得白色沉淀连同溶液一起加热，沉淀是否溶解？再把溶液冷却，又有什么变化？说明 PbCl$_2$ 的溶解度与温度的关系。

取以上白色沉淀少许，注入浓 HCl，观察沉淀溶解情况。

（2）碘化铅

取数滴 0.50mol·L^{-1} Pb(NO$_3$)$_2$ 溶液用水稀释至 1.0mL 后，滴数滴 KI 溶液，即生成橙黄色 PbI$_2$ 沉淀，实验它在热水和冷水中的溶解度。

（3）铬酸铅

由 Pb(NO$_3$)$_2$ 溶液和 0.5mol·L^{-1} K$_2$CrO$_4$ 溶液制备 PbCrO$_4$。实验它在 6.0mol·L^{-1}

HNO₃ 溶液中的溶解情况。写出有关反应方程式。

（4）硫酸铅

在 $1.0mL$ 水中滴数滴 $0.50mol\cdot L^{-1}$ $Pb(NO_3)_2$ 溶液，再滴入几滴稀 H_2SO_4，即得白色的 $PbSO_4$ 沉淀。滴数滴饱和的 NaAc 溶液，微热，并不断搅拌，沉淀是否溶解？解释上述现象。写出有关反应方程式。

（5）锡(Ⅱ)与锡(Ⅳ)硫化物的性质比较

在一支试管中注入 $SnCl_2$ 溶液，在另一支试管中注入 $SnCl_4$ 溶液。两支试管中分别加入饱和的 H_2S 溶液，观察沉淀的颜色有何不同？分别实验所得沉淀物与 $2.0mol\cdot L^{-1}$ HCl、$1.0mol\cdot L^{-1}$ Na_2S 和 $(NH_4)_2S_x$（多硫化铵）溶液的反应。通过实验能得出什么结论？写出有关化学方程式。

（6）铅(Ⅱ)与锡(Ⅱ)硫化物性质的比较

往盛有 $Pb(NO_3)_2$ 溶液的试管中加入饱和的 H_2S 溶液，观察沉淀的颜色。分别实验所得沉淀物与 $2.0mol\cdot L^{-1}$ HCl、$1.0mol\cdot L^{-1}$ Na_2S、$(NH_4)_2S_x$ 和浓 HNO₃ 溶液的反应。

将此实验结果与上面（5）中的 SnS 性质比较，两者有何不同？写出有关反应方程式。根据实验现象并查阅课本填写表 4-2。

表 4-2　锡、铅盐的溶解性试验

化合物	颜色	溶解性(水或其它溶剂)	溶度积(K_{sp})
$PbCl_2$			
PbI_2			
$PbCrO_4$			
$PbSO_4$			
PbS			
SnS			
SnS_2			

4. 金属铝在空气中氧化以及与水的反应

取一片铝片，用砂布擦净。在清洁的表面上滴数滴 $HgCl_2$ 溶液。当此溶液附着下的金属表面成灰色时，用棉花或纸将液体擦去，并继续将湿润处擦干；然后将此金属放置在空气中，观察铝片表面有大量蓬松的 Al_2O_3 析出后，将铝片置入盛水的试管中，观察氢气的放出。如果气体产生过于缓慢，将此试管微微加热。写出反应方程式。

5. 铝盐的水解性

① 在 $Al_2(SO_4)_3$ 溶液中加入 $(NH_4)_2S$ 溶液，观察现象。设法证明沉淀是氢氧化铝而不是硫化铝。

② 在 $Al_2(SO_4)_3$ 溶液中加入等量的 NaAc 溶液，加热至沸，观察碱式醋酸铝 $Al(OH)_2Ac$ 沉淀的生成。

解释以上两个实验的现象，写出反应方程式。

③ 取约 $1.0mL$ 由实验者自行制备的 $AlCl_3$ 溶液，在蒸发皿中蒸发至干，再用强火灼烧，得到的产物是不是无水三氯化铝？注入 $1.0mL$ 水，微热，固体是否溶解？

6. 三氧化二铝的吸附性——层析分离 $Cr_2O_7^{2-}$ 和 MnO_4^-

将吸附柱（$\phi 13mm \times 400mm$）固定在铁架台上，如图 4-1 所示。在吸附柱的下端堵上玻璃棉（约 2.0cm 厚），然后将浸泡在 $0.50mol \cdot L^{-1}$ HNO_3 溶液中的层析用 Al_2O_3 在搅动下连同 HNO_3 溶液一起缓缓地注入吸附柱中，直至 Al_2O_3 填充到柱体积的 3/5 处为止，使液面和 Al_2O_3 保持同一水平面（注意：装柱时，必须不断搅动 Al_2O_3 不使柱内产生气泡，不要使柱内液体流空而产生裂缝）。

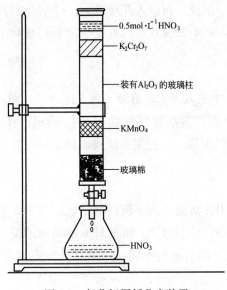

从吸附柱的上端慢慢地注入 10.0mL 含有 $0.01mol \cdot L^{-1}$ $KMnO_4$ 和 $K_2Cr_2O_7$ 的混合液，打开下端旋塞，使溶液慢慢流降至和 Al_2O_3 柱保持同一水平面。在柱的上端呈现棕色色带。然后，注入 $0.50mol \cdot L^{-1}$ HNO_3 溶液淋洗，此时在柱的下端出现明显的紫色环带，上端为黄色环带，中间为白色 Al_2O_3。继续注入

图 4-1 氧化铝层析分离装置

$0.05mol \cdot L^{-1}$ HNO_3 溶液能将紫色环带全部淋洗下来，收集在锥形瓶中，如用 $1.0mol \cdot L^{-1}$ H_2SO_4 代替 HNO_3 淋洗，能将黄色环带（$Cr_2O_7^{2-}$）淋洗下来。

【问题与讨论】

1. 实验室中如何配制清亮透明的 $SnCl_2$ 溶液？
2. 如何制备无水三氯化铝？

实验 23　铬、锰重要化合物的性质

【实验目的】

1. 掌握铬和锰化合物的还原性和氧化性。
2. 掌握铬和锰各种价态化合物之间的转化。

【实验原理】

向铬（Ⅱ）盐溶液中加碱可以沉淀出绿色的 $Cr(OH)_3$ 沉淀。这是一种两性氢氧化物，既溶于酸也溶于碱，无论是 Cr^{3+} 或亚铬酸盐在水溶液中都有水解作用。

$$Cr^{3+}+3OH^- \Longleftrightarrow Cr(OH)_3 \Longleftrightarrow H^+ + CrO_2^- + H_2O$$

Cr^{3+} 有很强的生成配合物的能力。在碱性溶液中，CrO_2^- 还原性较强，可被 H_2O_2、Cl_2、Br_2 等氧化成铬酸根。

$$2CrO_2^- + 3H_2O_2 + 2OH^- \longrightarrow 2CrO_4^{2-} + 4H_2O$$

重铬酸盐在酸性溶液中是氧化剂。在重铬酸盐的水溶液中存在铬酸根与重铬酸根离子的平衡，除了加酸或加碱可以使这个平衡移动外，向溶液中加入沉淀剂如 Ba^{2+}、Pb^{2+} 或 Ag^+ 都能使平衡移动，因为这些离子的铬酸盐都是难溶盐。

$$2CrO_4^{2-} + 2H^+ \longrightarrow Cr_2O_7^{2-} + H_2O$$

$$Cr_2O_7^{2-} + 2Ba^{2+} + H_2O \longrightarrow 2H^+ + 2BaCrO_4 \downarrow \quad (黄色)$$

$$Cr_2O_7^{2-} + 2Pb^{2+} + H_2O \longrightarrow 2H^+ + 2PbCrO_4 \downarrow \quad (黄色)$$

$$Cr_2O_7^{2-} + 4Ag^+ + H_2O \longrightarrow 2H^+ + 2Ag_2CrO_4 \downarrow \quad (砖红色)$$

锰可以表现为 +2、+3、+4、+6、+7 多种氧化态，其中 +2、+4、+7 氧化态的化合物较为重要。在碱性溶液中，Mn^{2+} 易被空气中氧所氧化。在锰（Ⅱ）溶液中，加入强碱，可得到白色的 $Mn(OH)_2$ 沉淀。它在碱性介质中很不稳定，与空气接触即被氧化成棕色的 $MnO(OH)_2$ 沉淀。把 Mn^{2+} 氧化成 MnO_4^- 较困难，只有少数极强的氧化剂如过二硫酸铵、铋酸钠等在酸性溶液中可以进行反应。这些反应是 Mn^{2+} 的特征反应，常利用紫红色 MnO_4^- 的出现来检验溶液中微量 Mn^{2+} 的存在。

$$2Mn^{2+} + 5S_2O_8^{2-} + 8H_2O \xrightarrow[\triangle]{Ag^+} 10SO_4^{2-} + 2MnO_4^- + 16H^+$$

$$2Mn^{2+} + 5NaBiO_3 + 14H^+ \longrightarrow 5Na^+ + 5Bi^{3+} + 2MnO_4^- + 7H_2O$$

高锰酸钾是一种很强的氧化剂。在酸性溶液中还原产物为 Mn^{2+}；

在微酸性、中性和微碱性溶液中，还原产物为褐色二氧化锰沉淀；在强碱性溶液中，则生成绿色锰酸盐。高锰酸钾在酸性溶液中可缓慢分解，光对分解有催化作用，在中性或弱碱性溶液中，这种分解速度较慢。

$$2MnO_4^- + 5SO_3^{2-} + 6H^+ \longrightarrow 2Mn^{2+} + 5SO_4^{2-} + 3H_2O$$

$$2MnO_4^- + 3SO_3^{2-} + H_2O \longrightarrow 2MnO_2 + 3SO_4^{2-} + 2OH^-$$

$$2MnO_4^- + SO_3^{2-} + 2OH^- \longrightarrow 2MnO_4^{2-} + SO_4^{2-} + H_2O$$

$$4MnO_4^- + 4H^+ \longrightarrow 4MnO_2\downarrow + 3O_2\uparrow + 2H_2O$$

【仪器与试剂】

仪器：试管，试管架，滴瓶，烧杯（50mL），酒精灯。

试剂：$Cr_2(SO_4)_3$（$0.10mol\cdot L^{-1}$），$NaOH$（$2.0mol\cdot L^{-1}$，$6.0mol\cdot L^{-1}$），H_2O_2（3%），浓 H_2SO_4，$K_2Cr_2O_7$（$0.10mol\cdot L^{-1}$），H_2SO_4（$2.0mol\cdot L^{-1}$），$NaNO_2$（$0.10mol\cdot L^{-1}$），$AgNO_3$（$0.10mol\cdot L^{-1}$），$NaBiO_3$（s），$Pb(NO_3)_2$（$0.10mol\cdot L^{-1}$），$BaCl_2$（$0.10mol\cdot L^{-1}$），$MnSO_4$（$0.20mol\cdot L^{-1}$），HNO_3（$6.0mol\cdot L^{-1}$），Na_2SO_3（$0.10mol\cdot L^{-1}$），$KMnO_4$（$0.01mol\cdot L^{-1}$），NH_4Cl（$2.0mol\cdot L^{-1}$）。

【实验步骤】

1. 铬的重要化合物性质

（1）氢氧化铬的生成和性质

取 $0.10mol\cdot L^{-1}Cr_2(SO_4)_3$ 溶液 0.5mL 于试管中，逐滴加入 $2.0mol\cdot L^{-1}NaOH$ 溶液直至沉淀生成。观察实验现象，并设计实验证明此沉淀具有酸碱两性的性质，记录沉淀溶解后溶液的颜色，写出有关反应方程式。

（2）铬（Ⅲ）化合物的还原性

取 $0.10mol\cdot L^{-1}Cr_2(SO_4)_3$ 溶液 0.5mL 于试管中，滴入 $6.0mol\cdot L^{-1}NaOH$ 溶液直至生成的沉淀又溶解为止。然后，滴入 H_2O_2（3%）溶液 1.0mL，在水浴中加热，观察颜色的变化，写出有关反应方程式。

（3）铬（Ⅵ）化合物的氧化性

取 $0.10mol\cdot L^{-1}K_2Cr_2O_7$ 溶液 0.5mL 于试管中，滴入 $2.0mol\cdot L^{-1}H_2SO_4$ 酸化。然后逐滴加入 $0.10mol\cdot L^{-1}NaNO_2$ 溶液，观察溶液颜色的变化，写出反应方程式。

（4）铬酸根离子与重铬酸根离子在溶液中的平衡与转化

取 $0.10mol\cdot L^{-1}K_2Cr_2O_7$ 溶液 1.0mL 于试管中，滴入 $2.0mol\cdot L^{-1}NaOH$ 使呈碱性，观察溶液颜色有何变化，再加入 $2.0mol\cdot L^{-1}H_2SO_4$ 使溶液呈酸性，溶液颜色又有何变化？写出反应方程式。

（5）铬酸盐的生成

往 $0.10mol\cdot L^{-1}K_2CrO_4$ 溶液中分别滴入 $0.10mol\cdot L^{-1}AgNO_3$、$0.10mol\cdot L^{-1}BaCl_2$ 和 $0.10mol\cdot L^{-1}Pb(NO_3)_2$ 溶液，观察沉淀颜色，写出反应方程式。

用 $K_2Cr_2O_7$ 溶液和 $0.10mol\cdot L^{-1}BaCl_2$ 溶液反应，有什么现象？反应前后溶液的 pH 值发生什么变化？试用 $Cr_2O_7^{2-}$ 与 CrO_4^{2-} 间的平衡关系说明这一实验结果并写出反应方程式。

2. 锰的重要化合物性质

（1）氢氧化锰（Ⅱ）的生成和性质

往 2.0mL $0.20mol\cdot L^{-1}MnSO_4$ 溶液中逐滴加入 $2.0mol\cdot L^{-1}NaOH$ 溶液使呈碱性，观察沉淀的生成，写出反应方程式。将沉淀分成四份：①振荡、放置，观察有何变化；②加入 $0.20mol\cdot L^{-1}HCl$ 至呈酸性；③加入 $2.0mol\cdot L^{-1}NaOH$；④加入 $2.0mol\cdot L^{-1}NH_4Cl$ 观察溶液情况，写出反应方程式。

（2）Mn(Ⅱ)的还原性

取 5 滴 $0.20mol\cdot L^{-1}$ $MnSO_4$ 溶液于试管中，加入 5 滴 $6.0mol\cdot L^{-1}$ HNO_3，再加入少量 $NaBiO_3$ 固体，微热，观察溶液颜色变化，写出反应方程式。此法可用于鉴定 Mn^{2+}。

（3）二氧化锰的生成和性质

① 往 5 滴 $0.01mol\cdot L^{-1}$ $KMnO_4$ 溶液中逐滴加入 $0.20mol\cdot L^{-1}$ $MnSO_4$ 溶液，观察有无沉淀产生，写出反应方程式。

② 往上述沉淀中滴入 10 滴 $2.0mol\cdot L^{-1}$ H_2SO_4，再逐滴加入 $0.10mol\cdot L^{-1}$ Na_2SO_4 溶液，沉淀是否消失？写出反应方程式。

③ 在盛有少量 MnO_2 固体的试管中注入 $2.0mL$ 浓 H_2SO_4，加热，观察反应前后体系颜色和物质状态变化，有何气体产生？写出反应方程式。

（4）高锰酸钾的氧化性

在三支试管中各加入 $0.10mol\cdot L^{-1}$ Na_2SO_3 溶液 $1.0mL$，然后分别加入 $2.0mol\cdot L^{-1}$ H_2SO_4、$6.0mol\cdot L^{-1}$ $NaOH$ 和蒸馏水各 $1.0mL$，再各滴入 $0.01mol\cdot L^{-1}$ $KMnO_4$ 溶液 2 滴，观察各试管中的现象，比较 $KMnO_4$ 溶液在不同酸碱性介质中的还原产物，写出有关反应方程式。

【问题与讨论】

1. $K_2Cr_2O_7$ 与 $Ba(NO_3)_2$ 作用，为什么得到的是 $BaCrO_4$ 而不是 $BaCr_2O_7$，怎样才能使这个反应进行得完全？

2. 为什么洗液能清洁仪器？洗液使用一段时间后为什么就失效？

实验 24　铁、钴、镍重要化合物的性质

【实验目的】

1. 掌握二价铁的还原性和三价铁、钴、镍的氧化性。
2. 掌握铁、钴、镍化合物的配合反应特征。

【实验原理】

铁系元素属于Ⅷ族，包括铁、钴、镍三种元素。由于它们是同一周期的相邻元素，其价电子层结构相似（$[Ar] 3d^{6\sim8}4s^2$）、原子半径相近（$115\sim117pm$），故它们的很多物理性质和化学性质相似。铁、钴、镍氢氧化物性质可归纳如下：

还原性增强 ←———————————————————————

$Fe(OH)_2$	$Co(OH)_2$	$Ni(OH)_2$
白色	粉红色	绿色
难溶	难溶	难溶
$Fe(OH)_3$	$Co(OH)_3$	$Ni(OH)_3$
棕红色	棕色	黑色
难溶	难溶	难溶

———————————————————————→ 氧化性增强

铁系元素常见的盐类是 Fe(Ⅲ)、Fe(Ⅱ)、Co(Ⅱ) 和 Ni(Ⅱ)盐。这些阳离子水合时，不仅有能量的改变，而且颜色也发生变化。

铁系元素的阳离子是配合物的较好形成体，可形成多种配合物。将过量的氨水加入 Co^{2+} 和 Ni^{2+} 的水溶液中，即生成可溶性的氨合配合离子 $[Co(NH_3)_6]^{2+}$ 和 $[Co(NH_3)_4]^{2+}$。

不过 $[Co(NH_3)_6]^{2+}$ 不稳定，空气中的氧就能把 $[Co(NH_3)_6]^{2+}$ 氧化成 $[Co(NH_3)_6]^{3+}$。因 Fe^{3+}、Fe^{2+} 与 OH^- 结合能力较强，它们难于在氨水中形成稳定的氨合离子，而是生成氢氧化物沉淀。

$$CoCl_2+NH_3\cdot H_2O \longrightarrow Co(OH)Cl\downarrow +NH_4Cl$$

$$Co(OH)Cl+7NH_3+H_2O \longrightarrow [Co(NH_3)_6](OH)_2+NH_4Cl$$

$$2[Co(NH_3)_6](OH)_2+\frac{1}{2}O_2+H_2O \longrightarrow 2[Co(NH_3)_6](OH)_3$$

由于配合物的形成常发生溶解度和颜色等特性的改变，常用于离子的分离和鉴定。例如，无色 $[FeF_6]^{3-}$ 的形成可以"掩蔽"Fe^{3+}，避免形成 $Fe(OH)_3$ 沉淀或棕红色离子 $[Fe(OH)_n]^{3-n}$ 的干扰；血红色 $[Fe(NCS)_n]^{3-n}$ 的形成可用于鉴定 Fe^{3+}；Fe^{3+} 与黄血盐（$K_4[Fe(CN)_6]$）作用生成深蓝色的普鲁士蓝沉淀；Fe^{2+} 与赤血盐（$K_3[Fe(CN)_6]$）作用生成深蓝色的藤氏蓝沉淀。蓝色 $[Co(NCS)_4]^{2-}$ 的形成可用于鉴定 Co^{2+}；鉴定 Ni^{2+} 则利用配合物丁二酮肟镍鲜红色沉淀的形成。

$$3[Fe(CN)_6]^{4-} + 4Fe^{3+} \longrightarrow Fe_4[Fe(CN)_6]_3 \downarrow （深蓝色）$$

$$K_3[Fe(CN)_6] + Fe^{2+} \longrightarrow KFe[Fe(CN)_6] \downarrow （深蓝色） + 2K^+$$

$$Co^{2+} + 4SCN^- \longrightarrow [Co(SCN)_4]^{2-} （丙酮中显蓝色）$$

$$Ni^{2+} + 2\ \begin{matrix} CH_3-C=NOH \\ | \\ CH_3-C=NOH \end{matrix}\ + 2NH_3 = \left[Ni \begin{pmatrix} CH_3-C=NOH \\ | \\ CH_3-C=NO_2 \end{pmatrix}_2 \right] \downarrow （红色） + 2NH_4^+$$

【仪器与试剂】

仪器：试管，试管架，滴瓶，烧杯（50mL），酒精灯，淀粉碘化钾试纸。

试剂：$(NH_4)_2Fe(SO_4)_2$（$2.0mol \cdot L^{-1}$），H_2SO_4（$2.0mol \cdot L^{-1}$、$6.0mol \cdot L^{-1}$），$NaOH$（$2.0mol \cdot L^{-1}$、$6.0mol \cdot L^{-1}$），KI（$0.20mol \cdot L^{-1}$），CCl_4（l），$K_3[Fe(CN)_6]$（$0.50mol \cdot L^{-1}$），$KCNS$（s），NH_4Cl（s），$K_4[Fe(CN)_6]$（$0.50mol \cdot L^{-1}$），$KCNS$（$0.50mol \cdot L^{-1}$），溴水，浓盐水，戊醇，丙酮，浓氨水，1‰丁二酮肟，硫酸亚铁铵晶体。

【实验步骤】

1. 二价铁、钴、镍化合物的还原性

（1）二价铁的还原性

往盛有 1.0mL 溴水的试管中加入 $6.0mol \cdot L^{-1} H_2SO_4$ 溶液，然后滴入 $2.0mol \cdot L^{-1}$ $(NH_4)_2Fe(SO_4)_2$ 溶液，观察现象，写出反应方程式。

（2）氢氧化亚铁的生成和还原性

在一支试管中加入 1.0mL 蒸馏水，再加 2 滴 $2.0mol \cdot L^{-1} H_2SO_4$ 煮沸（除去空气），冷却后加入少量硫酸亚铁铵晶体，振摇使其完全溶解；取另一支试管，加入 $6.0mol \cdot L^{-1}$ NaOH 溶液 1.0mL，煮沸冷却后，用长滴管吸取此 NaOH 溶液，插入前一试管的底部，慢慢加入 NaOH 溶液（注意整个过程应避免将空气带进溶液中），观察 $Fe(OH)_2$ 沉淀的生成和颜色，振荡后静置，观察沉淀颜色的变化（反应液留待下面的实验用），写出反应方程式。

（3）钴（Ⅱ）、镍（Ⅱ）化合物的还原性

在两支试管中分别加入 $0.20mol \cdot L^{-1} CoCl_2$ 溶液 0.5mL，再各加入 $2.0mol \cdot L^{-1} NaOH$ 溶液，观察沉淀的生成，然后在一支试管中加入溴水（此管留待下面的实验用），另一支试管静置于空气中，观察比较实验体系的变化情况。

用 $NiSO_4$ 溶液代替 $CoCl_2$ 溶液，重复上述实验，比较两者有何不同？

2. 三价铁、钴、镍的氧化性

① 在上面实验保留下来的铁、钴、镍的氢氧化物沉淀里，各加入 5 滴浓盐酸，振荡后用淀粉碘化钾试纸检验所放出的气体，写出有关反应方程式。

② 在试管中加入 10 滴 $0.20mol \cdot L^{-1} FeCl_3$ 溶液和 5 滴 $0.20mol \cdot L^{-1} KI$ 溶液，再加入 $1.0mL CCl_4$ 剧烈振荡后，观察 CCl_4 层的颜色，写出反应方程式。

3. 配合物的生成

（1）铁的配合物

在试管中加入 1.0mL 蒸馏水，再加入极少量硫酸亚铁铵晶体，溶解后加 $0.50mol \cdot L^{-1}$ $K_3[Fe(CN)_6]$ 溶液 2 滴，观察现象，写出反应方程式。该反应是鉴定 Fe^{2+} 的特效反应。在两支试管中，各加入 1.0mL 蒸馏水、4 滴 $0.20mol \cdot L^{-1} FeCl_3$ 溶液和 2 滴 $2.0mol \cdot L^{-1}$ 硫酸酸化，然后在一支试管中加入 $0.50mol \cdot L^{-1} K_4[Fe(CN)_6]$ 溶液 2 滴，在另一支试管中加入 $0.50mol \cdot L^{-1} KCNS$ 溶液 2 滴，振摇后，观察现象，分别写出反应方程式。

取 $0.50mol \cdot L^{-1} K_3[Fe(CN)_6]$ 溶液 10 滴于试管中，滴加 $2.0mol \cdot L^{-1} NaOH$ 溶液数滴，是否有 $Fe(OH)_3$ 沉淀产生？为什么？

（2）钴的配合物

取 $0.20mol \cdot L^{-1} CoCl_2$ 溶液 2.0mL 于试管中，小心加入少量的固体 KCNS（不振摇），观察固体周围的颜色，再加入 1.0mL 丙酮或 1.0mL 戊醇振摇，观察水相和有机相的颜色。取 $0.20mol \cdot L^{-1} CoCl_2$ 溶液 2.0mL 于试管中，加入少量固体 NH_4Cl 振摇溶解。然后逐滴加入浓氨水，至生成的沉淀刚好溶解为止，静置一段时间，观察溶液颜色有何变化，写出反应方程式。

（3）镍的配合物

取 $0.20mol \cdot L^{-1} NiSO_4$ 溶液 1.0mL 于试管中，逐滴加入浓氨水，观察现象，写出反应方程式。然后逐滴加入丁二酮肟试剂则有鲜红色沉淀生成，这是鉴定 Ni^{2+} 的特征反应。

【问题与讨论】

1. 向 Cr^{3+}、Mn^{2+}、Fe^{2+}、Fe^{3+}、Co^{2+}、Ni^{2+} 的溶液中，加入适量或过量的 NaOH 溶液各产生什么现象？哪些产物在空气中静置后会发生变化？

2. 有四瓶溶液分别是 $Cr_2(SO_4)_3$、$MnSO_4$、$FeCl_3$、$FeSO_4$，它们在外观上有何区别？试选用实验中较灵敏的反应来鉴别。

实验 25　铜、银、锌、汞重要化合物的性质

【实验目的】

1. 掌握铜、银、锌、汞的氢氧化物和氧化物的酸碱性及硫化物的溶解性。
2. 掌握 $Cu(Ⅰ)$、$Cu(Ⅱ)$ 重要化合物的性质及相互转化的条件。
3. 熟悉铜、银、锌、汞的配位能力及常见配合物的性质。
4. 熟悉 Cu^{2+}、Ag^+、Zn^{2+}、Hg^{2+}、Hg_2^{2+} 的鉴定反应及 Hg_2^{2+} 的相互转化。

【实验原理】

Cu、Ag、Zn、Hg 属于 ds 区元素，Cu、Ag 为ⅠB 族元素，Zn、Hg 属于ⅡB 族元素。价电子层结构的通式为 $(n-1)d^{10}ns^{1\sim2}$，所以它们的许多元素性质与 d 区元素相似。与相应的主族ⅠA 和ⅡA 族元素比较，除了均可形成氧化数为 $+1$ 和 $+2$ 的化合物外，性质上更多呈现较大的差异性。其最大特点是它们的离子属 18 电子构型，具有较强的极化作用和变形性，易于形成配合物。

1. 铜、银、锌、汞氢氧化物或氧化物的生成和性质

$Cu(OH)_2$ 以碱性为主，溶于酸，但它又有微弱的酸性，可溶于过量的浓碱溶液。

$$Cu(OH)_2 + 2OH^- \longrightarrow [Cu(OH)_4]^{2-}$$

$$Cu(OH)_2 \xrightarrow{80\sim90℃} CuO + H_2O$$

AgOH 是碱性氢氧化物，很不稳定，只有在 $-45℃$ 下才能存在。常温下 Ag^+ 与 NaOH 反应只能生成褐色的 Ag_2O。

氢氧化锌呈两性，汞(Ⅱ)的氢氧化物极易脱水而转变成黄色 HgO，HgO 不溶于过量碱中。

2. 铜、银、锌、汞硫化物的生成和性质

铜、银、锌、汞的硫化物是具有特征颜色的难溶物。CuS（黑色）、Ag_2S（黑色）、ZnS（白色）、HgS（黑色），其溶度积常数 K_{sp} 依次为 4.0×10^{-38}、2.0×10^{-49}、1.2×10^{-23}、4.0×10^{-53}。

3. 铜、银、锌、汞的配合物

Cu^{2+}、Ag^+、Zn^{2+}、Hg^{2+} 均能与 NH_3 形成配合物。Hg^{2+} 的另一重要配合物是 $[HgI_4]^{2-}$。在 Hg^{2+} 溶液中加入适量 KI 溶液，生成红色的 HgI_2 沉淀，该沉淀溶于过量的 KI 溶液，生成无色的 $[HgI_4]^{2-}$。

$$Hg^{2+} + 2I^- \longrightarrow HgI_2 \downarrow$$

$$HgI_2 + 2I^- \longrightarrow [HgI_4]^{2-}$$

4. 铜、银和汞的氧化还原性

Cu^{2+} 具有一定的氧化性，与还原性较强的 I^- 反应生成 CuI 和 I_2。

$$2Cu^{2+} + 4I^- \longrightarrow 2CuI \downarrow （白色）+ I_2$$

在较浓的盐酸中，Cu^{2+} 与金属铜反应生成 $[CuCl_2]^-$。在此反应中，Cu 是还原剂。

$$Cu^{2+}+Cu+4Cl^- \xrightarrow{H^+} 2[CuCl_2]^- \text{（黄色）}$$

在碱性溶液中，Cu^{2+} 能氧化醛或糖类，生成暗红色的氧化亚铜 Cu_2O：

$$2[Cu(OH)_4]^{2-}+\underset{\text{（葡萄糖）}}{C_6H_{12}O_6} \xrightarrow{\triangle} Cu_2O \text{（暗红色）}+ \underset{\text{（葡萄糖酸根）}}{C_6H_{11}O_7^-}+3OH^-+3H_2O$$

Ag^+ 的氧化性较强，$[Ag(NH_3)_2]^+$ 可将醛或糖类氧化，本身被还原成金属银：

$$2[Ag(NH_3)_2]^++HCHO+3OH^- \longrightarrow HCOO^-+2Ag\downarrow+4NH_3\uparrow+2H_2O$$

Cu^+ 在水溶液中不稳定，可自发歧化，生成 Cu^{2+} 和 Cu：

$$2Cu^+ \rightleftharpoons Cu^{2+}+Cu\downarrow \qquad K=1.4\times10^6$$

所以 $Cu(\text{I})$ 只能存在于稳定的配合物和固体化合物之中，例如 $[CuCl_2]^-$、$[Cu(NH_3)_2]^+$ 和 CuI、Cu_2O。

Hg_2^{2+} 能够稳定地存在于水溶液中。

$$Hg+Hg^{2+} \rightleftharpoons Hg_2^{2+} \qquad K=87.7$$

由于上述平衡的正向趋势并不很大，当加入 $Hg(\text{II})$ 的沉淀剂（如碱、硫化物等）或强配合剂（如 CN^- 等）时，都会促使 Hg_2^{2+} 歧化，最终产物为 Hg 和相应的 $Hg(\text{II})$ 的稳定难溶盐或配合物，例如 HgS、HgO、$HgNH_2Cl$ 和 $[Hg(CN)_4]^{2-}$ 等。

5. Cu^{2+}、Ag^+、Zn^{2+}、Hg^{2+}、Hg_2^{2+} 的鉴定

Cu^{2+} 的鉴定：在中性或酸性溶液中，黄血盐溶液与 Cu^{2+} 反应生成 $Cu_2[Fe(CN)_6]$ 沉淀。

$$2Cu^{2+}+[Fe(CN)_6]^{4-} \longrightarrow Cu_2[Fe(CN)_6]\downarrow \text{（红棕色）}$$

$Cu_2[Fe(CN)_6]$ 在碱性溶液中也能够被分解。

Ag^+ 的鉴定：先使 Ag^+ 与 Cl^- 生成 $AgCl$ 沉淀，并溶解于氨水，然后加 HNO_3 又生成 $AgCl$ 白色沉淀，以此证明 Ag^+ 的存在。

$$[Ag(NH_3)_2]^++Cl^-+2H^+ \longrightarrow AgCl\downarrow \text{（白色）}+2NH_4^+$$

Zn^{2+} 的鉴定：在强碱性条件下，Zn^{2+} 与二苯硫腙形成粉红色螯合物。鉴定时，所使用的是二苯硫腙的四氯化碳溶液，当有 Zn^{2+} 存在时，水层显粉红色，四氯化碳层由绿色变为棕色。

Hg^{2+} 的鉴定：Hg^{2+} 具有氧化性，与 $SnCl_2$ 反应生成 Hg_2Cl_2 沉淀，$SnCl_2$ 过量时再生成黑色的 Hg，而使体系出现灰黑色沉淀。

$$2Hg^{2+}+[SnCl_4]^{2-}+4Cl^- \longrightarrow Hg_2Cl_2\downarrow\text{（白色）}+[SnCl_6]^{2-}$$

$$Hg_2Cl_2(s)+[SnCl_4]^{2-} \longrightarrow 2Hg\downarrow\text{（黑）}+[SnCl_6]^{2-}$$

Hg_2^{2+} 的鉴定：Hg_2^{2+} 与 HCl 反应生成 Hg_2Cl_2 沉淀，加入氨水后因汞的生成使沉淀转变成灰黑色。

$$Hg_2Cl_2+2NH_3 \longrightarrow HgNH_2Cl\downarrow\text{（白色）}+Hg\downarrow\text{（黑）}+NH_4^++Cl^-$$

【仪器与试剂】

仪器：离心机，离心试管，试管，滤纸。

试剂：$CuSO_4$（$0.20mol\cdot L^{-1}$），$AgNO_3$（$0.20mol\cdot L^{-1}$），$NaCl$（$0.20mol\cdot L^{-1}$），$NaOH$（$2.0mol\cdot L^{-1}$，$6.0mol\cdot L^{-1}$），H_2SO_4（$2.0mol\cdot L^{-1}$），HCl（$2.0mol\cdot L^{-1}$），浓 HCl，氨水

（2.0mol·L^{-1},6.0mol·L^{-1}，浓），ZnSO$_4$（0.2mol·L^{-1}），Hg(NO$_3$)$_2$（0.20mol·L^{-1}），HNO$_3$（2.0mol·L^{-1}，6.0mol·L^{-1}），浓 HNO$_3$，Na$_2$S（1.0mol·L^{-1}），KI（0.20mol·L^{-1},s），KSCN（0.10mol·L^{-1}），10% 葡萄糖，CuCl$_2$（0.50mol·L^{-1}），Na$_2$S$_2$O$_3$（0.50mol·L^{-1}），SnCl$_2$（0.20mol·L^{-1}），金属汞，HAc（2.0mol·L^{-1}），Cu^{2+} 试液，K$_4$[Fe(CN)$_6$]（0.10mol·L^{-1}），Cu^{2+} 和 Ag$^+$ 的混合液（0.10mol·L^{-1}），Zn^{2+}、Hg^{2+}、Hg$_2^{2+}$ 试液（浓度均为 0.10mol·L^{-1}，不贴标签），二苯硫腙，四氯化碳，铜屑。

【实验步骤】

1. 铜、银、锌、汞氢氧化物或氧化物的生成和性质

（1）氢氧化铜和氧化铜的生成和性质

取 0.20mol·L^{-1}CuSO$_4$ 溶液 1.0mL，滴入新配制的 2.0mol·L^{-1}NaOH 溶液，观察 Cu(OH)$_2$ 的颜色和状态。把沉淀分成三份，其中两份分别加入 2.0mol·L^{-1}H$_2$SO$_4$ 和过量的 6.0mol·L^{-1}NaOH 溶液。另一份加热至固体变黑，冷却后再加 2.0mol·L^{-1}HCl，观察现象，写出反应方程式。

（2）锌氢氧化物的生成和性质

向盛有 0.20mol·L^{-1} ZnSO$_4$ 溶液 0.5mL 的试管中逐滴加入新配制的 2.0mol·L^{-1}NaOH 溶液直到生成大量沉淀为止。将沉淀分成两份：一份加入 2.0mol·L^{-1}H$_2$SO$_4$，另一份继续滴加 2.0mol·L^{-1}NaOH 溶液，观察现象，写出反应方程式。

（3）银、汞氧化物的生成和性质

① 氧化银的生成和性质 取 0.20mol·L^{-1}AgNO$_3$ 溶液 5 滴，滴入新配制的 2.0mol·L^{-1} NaOH 溶液，观察 Ag$_2$O（为什么不是 AgOH）的颜色和状态。洗涤并离心分离沉淀，将沉淀分成两份：一份加入 2.0mol·L^{-1}HNO$_3$，另一份加入 2.0mol·L^{-1} 氨水。观察现象，写出反应方程式。

② 氧化汞的生成和性质：向盛有 0.20mol·L^{-1}Hg(NO$_3$)$_2$ 溶液 0.5mL 的试管中滴加新配制的 2.0mol·L^{-1}NaOH 溶液，观察反应产物的颜色和状态。将沉淀分成两份：一份加 6.0mol·L^{-1}HNO$_3$，另一份加 6.0mol·L^{-1}NaOH 溶液，观察现象，写出有关的化学反应方程式。

2. 铜、银、锌、汞硫化物的生成和性质

向分别盛有 0.5mL 的 0.20mol·L^{-1}CuSO$_4$、0.20mol·L^{-1}AgNO$_3$、0.20mol·L^{-1}ZnSO$_4$ 和 0.20mol·L^{-1}Hg(NO$_3$)$_2$ 溶液的四支离心试管中滴加 1.0mol·L^{-1}Na$_2$S 溶液，观察沉淀的生成和颜色。

将沉淀进行离心分离、洗涤，然后将每种沉淀分为三份，一份加入 2.0mol·L^{-1}HCl，另一份加入浓盐酸，再一份加入王水（自配），分别用水浴加热，观察沉淀是否溶解。

根据实验结果，总结铜、银、锌、汞硫化物的溶解性。写出反应方程式。

3. 铜、银、锌、汞的配合物

（1）与氨水作用

向四支分别盛有 0.5mL 0.20mol·L^{-1}CuSO$_4$、0.20mol·L^{-1}AgNO$_3$、0.20mol·L^{-1}ZnSO$_4$ 和 0.20mol·L^{-1}Hg(NO$_3$)$_2$ 溶液的试管中滴加 2.0mol·L^{-1} 氨水。观察沉淀的生

成，继续加入 2.0mol·L^{-1} 氨水，又有何现象发生？写出有关化学反应方程式。

比较 Cu^{2+}、Ag^+、Zn^{2+}、Hg^{2+} 与氨水反应的现象及其本质有何不同。

（2）汞配合物的生成和应用

① 向盛有 0.5mL 0.20mol·L^{-1} $Hg(NO_3)_2$ 溶液的试管中滴加 0.20mol·L^{-1} KI 溶液，观察沉淀的生成和颜色。再向沉淀中加入少量 KI 固体（直到沉淀刚好溶解为止，不要过量），溶液呈何颜色？写出反应方程式。

在所得的溶液中，加几滴 6.0mol·L^{-1} NaOH 溶液，再与氨水反应，观察沉淀的颜色。

② 取 5 滴 0.20mol·L^{-1} $Hg(NO_3)_2$ 溶液于试管中，再逐滴加入 0.10mol·L^{-1} KSCN 溶液，最初生成白色 $Hg(SCN)_2$ 沉淀，继续滴加 KSCN 溶液，沉淀溶解生成无色的 $[Hg(SCN)_4]^{2-}$。再在该溶液中加几滴 0.20mol·L^{-1} $ZnSO_4$ 溶液，有白色的 $Zn[Hg(SCN)_4]$ 沉淀生成（该反应可定性检验 Zn^{2+}）。必要时用玻璃棒摩擦试管壁。

4. 铜、银和汞的氧化还原性

（1）氧化亚铜的生成和性质

取 0.20mol·L^{-1} $CuSO_4$ 溶液 0.5mL，逐滴加入过量的 6.0mol·L^{-1} NaOH 溶液，使起初生成的蓝色沉淀完全溶解成深蓝色溶液，再加入 10% 葡萄糖溶液 1.0mL，混匀后微热，观察现象，写出反应方程式。

将沉淀离心分离、洗涤后分成两份。一份加入 2.0mol·L^{-1} H_2SO_4 溶液 1.0mL，静置，注意沉淀的变化，然后加热至沸，观察现象；另一份沉淀中加入 1.0mL 浓氨水，振荡后静置，观察溶液的颜色及其变化情况。

（2）氯化亚铜的生成和性质

取 0.5mol·L^{-1} $CuCl_2$ 溶液 10.0mL，加 3.0mL 浓盐酸和少量的铜屑，小火加热至沸腾，待溶液变成棕色，取出几滴溶液注入 10.0mL 蒸馏水中，如有白色沉淀生成，则迅速把全部溶液倒入 100.0mL 蒸馏水中，分离沉淀。取少量 CuCl 沉淀分成两份，一份与 3.0mL 浓氨水反应，另一份与 3.0mL 浓盐酸反应，观察现象并写出有关反应方程式。

（3）碘化亚铜的生成和性质

取 0.20mol·L^{-1} $CuSO_4$ 溶液 0.5mL 于试管中，然后逐滴加入 0.20mol·L^{-1} KI 溶液，充分振荡，直至溶液变为棕黄色浑浊（CuI 为白色沉淀，I_2 溶于 KI 溶液呈黄色）。

再滴入适量 0.50mol·L^{-1} $Na_2S_2O_3$ 溶液（以除去反应中生成的碘，切勿多加，防止碘化亚铜溶解），观察产物的颜色和状态，写出有关反应方程式。

（4）Ag^+ 的氧化性

取 1 支洁净的试管，注入 0.20mol·L^{-1} $AgNO_3$ 溶液 1.0mL，滴入 2.0mol·L^{-1} 氨水溶液至起初生成的沉淀恰好溶解为止，再多加两滴。然后滴入数滴 10% 葡萄糖溶液，摇匀后放入 80~90℃ 热水浴中静置。观察试管壁上有何变化？写出反应方程式。

（5）Hg^{2+} 的氧化性和 Hg_2^{2+} 与 Hg^{2+} 的相互转化

① Hg^{2+} 的氧化性　取 5 滴 0.20mol·L^{-1} $Hg(NO_3)_2$ 溶液于试管中，逐滴加入 0.20mol·L^{-1} $SnCl_2$ 溶液（由适量到过量）。观察现象，写出反应方程式。

② Hg^{2+} 转化为 Hg_2^{2+} 及 Hg_2^{2+} 的歧化分解　取 0.20mol·L^{-1} $Hg(NO_3)_2$ 溶液 0.5mL 于试管中，滴入 1 滴金属汞，充分振荡。用滴管把上清液转入两支试管中（余下的汞要回

收!）。在一支试管中加入 $0.20mol \cdot L^{-1}$ NaCl，另一支试管中滴加 $2.0mol \cdot L^{-1}$ 氨水，观察现象，写出有关的化学反应方程式。

5. Cu^{2+}、Ag^+、Zn^{2+}、Hg^{2+}、Hg_2^{2+} 的鉴定

（1）Cu^{2+} 的鉴定

取 1 滴被鉴定的 Cu^{2+} 试液，加入 1 滴 $2.0mol \cdot L^{-1}$ HAc 溶液，再加入 2 滴 $0.10mol \cdot L^{-1}$ $K_4[Fe(CN)_6]$ 溶液，有红棕色沉淀生成，在沉淀中注入 $6.0mol \cdot L^{-1}$ 的氨水溶液，沉淀溶解呈蓝色溶液，示有 Cu^{2+} 存在。

（2）混合液中 Cu^{2+}、Ag^+ 的分离与鉴定

自行设计方案，分离混合的 Cu^{2+}、Ag^+，然后进行离子鉴定。

（3）Zn^{2+}、Hg^{2+}、Hg_2^{2+} 的鉴定

根据所要鉴定物质的性质，选择适当的方法，鉴别三瓶只注明了编号的 Zn^{2+}、Hg^{2+}、Hg_2^{2+} 试液，根据实验现象确定组分。

【问题与讨论】

1. Cu^+、Cu^{2+} 各自稳定存在和相互转化的条件是什么？

2. 在白色氯化亚铜沉淀中加入浓氨水或浓盐酸后溶液呈现的颜色有何差异？为什么？放置一段时间后溶液会变成蓝色，为什么？实验中深棕色溶液是什么物质？加入蒸馏水发生了什么反应？

3. 使用汞时应注意什么？为什么汞要用水封存？

【注意事项】

1. 王水是浓硝酸和浓盐酸以 $1:3$ 体积比配制成的混合溶液，它是比硝酸更强的氧化剂，能溶解金和铂。因为王水产生强氧化性的氯化亚硝基和活泼的氯原子，同时氯离子能与金属形成水溶性的配离子，所以易将贵金属氧化溶解。王水的性质不稳定，故须在使用前配制。王水具有强烈的腐蚀性，在使用时应尽量戴上橡胶手套和防护眼镜，防止试剂洒在皮肤或衣服上。

2. 汞和汞盐都是剧毒药品，使用时要严格按照操作规程。若不慎将液体汞洒落在实验台或地面上，应迅速用硫黄粉处理。汞盐、重金属离子的废液应经处理后再排放。

3. 凡涉及 Ag、Hg 的实验，其废液都要倒入指定的回收瓶中。其他实验的废液倒入废液缸内，切忌直接倒入水池内。

第五部分

综合性实验

实验 26　以铁为原料制备感光液

【实验目的】

1. 学习利用盐类在不同温度下溶解度的差别来制备物质的原理和方法。

2. 掌握合成 $(NH_4)_2Fe(SO_4)_2 \cdot 6H_2O$、$K_3[Fe(C_2O_4)_3] \cdot 3H_2O$ 的基本原理和操作技术。

3. 加深对 Fe(Ⅲ) 和 Fe(Ⅱ) 化合物性质的了解。

4. 巩固水浴加热、冷却、结晶、重结晶、洗涤、干燥等基本操作。

【实验原理】

1. $(NH_4)_2Fe(SO_4)_2 \cdot 6H_2O$ 的制备

以铁屑或铁粉为原料，溶于稀硫酸制得硫酸亚铁溶液，然后加入硫酸铵制得饱和溶液，经加热浓缩、冷却至室温后可得溶解度较小的硫酸亚铁铵复盐晶体。

$$Fe + H_2SO_4 \longrightarrow FeSO_4 + H_2 \uparrow$$

$$FeSO_4 + (NH_4)_2SO_4 + 6H_2O \longrightarrow (NH_4)_2Fe(SO_4)_2 \cdot 6H_2O$$

2. $K_3[Fe(C_2O_4)_3] \cdot 3H_2O$ 的合成

以硫酸亚铁铵为原料，与草酸在酸性溶液中先制得草酸亚铁沉淀，然后再用草酸亚铁在草酸钾和草酸的存在下，以过氧化氢为氧化剂，得到铁(Ⅲ)草酸配合物。主要反应为：

$$(NH_4)_2Fe(SO_4)_2 \cdot 6H_2O + H_2C_2O_4 \longrightarrow FeC_2O_4 \cdot 2H_2O \downarrow + (NH_4)_2SO_4 + H_2SO_4 + 4H_2O$$

$$6FeC_2O_4 \cdot 2H_2O + 3H_2O_2 + 6K_2C_2O_4 \longrightarrow 4K_3[Fe(C_2O_4)_3] \cdot 3H_2O + 2Fe(OH)_3 \downarrow$$

$$2Fe(OH)_3 + 3H_2C_2O_4 + 3K_2C_2O_4 \longrightarrow 2K_3[Fe(C_2O_4)_3] \cdot 3H_2O$$

改变溶剂极性并加少量盐析剂，可析出纯的绿色单斜晶体三草酸合铁(Ⅲ)酸钾。

3. 复盐硫酸亚铁铵 $[FeSO_4 \cdot (NH_4)_2SO_4 \cdot 6H_2O]$

复盐硫酸亚铁铵 $[FeSO_4 \cdot (NH_4)_2SO_4 \cdot 6H_2O]$ 又称莫尔盐，是浅蓝绿色的单斜晶体。它在空气中比一般亚铁盐稳定，不易被氧化，溶于水但不溶于乙醇。硫酸铵、硫酸亚铁铵和硫酸亚铁在不同温度下的溶解度见表 5-1。

表 5-1　$(NH_4)_2SO_4$、$FeSO_4 \cdot 7H_2O$、$(NH_4)_2Fe(SO_4)_2 \cdot 6H_2O$ 的溶解度

单位：$g \cdot (100g \text{水})^{-1}$

物质	温度/℃							
	10	20	30	40	50	60	70	80
$(NH_4)_2SO_4$	73.0	75.4	78.0	81.0	—	88.0	—	95.3
$FeSO_4 \cdot 7H_2O$	20.5	26.5	39.2	40.2	48.6	—	—	—
$(NH_4)_2Fe(SO_4)_2 \cdot 6H_2O$	18.1	26.9	—	38.5	—	53.4	—	73.0

4. $K_3[Fe(C_2O_4)_3] \cdot 3H_2O$ 的性质

$K_3[Fe(C_2O_4)_3] \cdot 3H_2O$ 是一种翠绿色的单斜晶体，298K 时，在 100g 水中的溶解度为 4.7g；110℃ 开始失去结晶水，230℃ 开始分解。见光、高温、强酸性条件下易分解，易溶

于水，难溶于醇、醚、酮等有机溶剂，是制备负载型活性铁催化剂的主要原料。

5. 盐析

盐析一般是指在溶液中加入无机盐类而使溶解的物质析出的过程，如加浓$(NH_4)_2SO_4$使蛋白质凝聚的过程。

6. 感光液制备

三草酸合铁配合物具有光敏活性，在紫外线的作用下，发生光化学反应，产生二价铁，当二价铁与赤血盐相遇时产生滕氏蓝从而显蓝色。

$$2K_3[Fe(C_2O_4)_3] \xrightarrow{h\nu} 2FeC_2O_4 + 2CO_2\uparrow + 3K_2C_2O_4$$

$$K_3[Fe(CN)_6] + FeC_2O_4 \longrightarrow KFe[Fe(CN)_6](滕氏蓝) + K_2C_2O_4$$

【仪器与试剂】

仪器：托盘天平，抽滤装置（水泵、布氏漏斗、抽滤瓶），烧杯（500mL、250mL、100mL），水浴锅，表面皿，煤油温度计（0～100℃）。

试剂：$(NH_4)_2Fe(SO_4)_2 \cdot 6H_2O$，$H_2SO_4$（3.0mol·L^{-1}，1.0mol·L^{-1}），$H_2C_2O_4$（饱和），$K_2C_2O_4$（饱和），KNO_3（300.0g·L^{-1}），乙醇（95%），$K_3[Fe(CN)_6]$（5%），H_2O_2（3%）铁粉，$(NH_4)_2SO_4$。

【实验步骤】

1. 硫酸亚铁铵的制备

称取 3.0g 铁粉，放在小烧杯中，加入 20.0mL 3.0mol·L^{-1} H_2SO_4 置于水浴中加热反应，反应装置应靠近通风口（为什么会产生臭鸡蛋气味？）。反应过程中，适当补充被蒸发掉的水分（尽可能维持原有液面刻度水平，加热不要过猛，控制反应温度在 70～80℃），当反应基本完全时，趁热抽滤。滤液转移至小烧杯或蒸发皿中。观察滤纸上残渣的颜色、状态，烘干称量。

根据差量法大致估算反应掉的铁粉量，量取配制好的饱和硫酸铵溶液在蒸发皿中搅拌均匀后水浴加热浓缩。蒸发浓缩至液面出现晶膜为止（浓缩开始时可适当搅拌，后期不宜搅拌）。取出蒸发皿静置，冷却后减压抽滤。用少量的乙醇洗涤硫酸亚铁铵晶体两次，取出，干燥，称量。

2. 草酸亚铁的制备

称取 5.0g 硫酸亚铁铵固体放在 250mL 烧杯中，然后加 15.0mL 蒸馏水和 5～6 滴 1.0mol·L^{-1} H_2SO_4，加热溶解后，再加入 25.0mL 饱和草酸溶液，加热搅拌至沸，然后迅速搅拌片刻，防止飞溅。停止加热，静置。待黄色晶体 $FeC_2O_4 \cdot 2H_2O$ 沉淀后倾析，弃去上层清液，加入 20.0mL 蒸馏水洗涤晶体，搅拌并温热，静置，弃去上层清液，即得黄色晶体草酸亚铁。

3. 三草酸合铁(Ⅲ)酸钾的制备

往草酸亚铁沉淀中，加入饱和 $K_2C_2O_4$ 溶液 10.0mL，水浴加热 313.0K，恒温下慢慢滴加 3% 的 H_2O_2 溶液 20.0mL，沉淀转为深棕色。边加边搅拌，加完后将溶液加热至沸，然后趁热逐滴加入 20.0mL 饱和草酸溶液，沉淀立即溶解，溶液转为绿色。趁热抽滤，滤液转入 100mL 烧杯中，加入 95% 的乙醇 25.0mL，混匀后冷却，可以看到烧杯底部有晶体析出。为了加快结晶速度，可往其中滴加几滴 KNO_3 溶液。晶体完全析出后，抽滤，用 95％ 的乙醇 10.0mL 分多次淋洒滤饼，抽干混合液。固体产品置于一表面皿上，置暗处晾干。称重，计算三草酸合铁(Ⅲ)酸钾的产率。

4. 感光液的制备

将 0.5g 三草酸合铁(Ⅲ)酸钾溶于 5.0mL 蒸馏水中，滴加 5 滴 $K_3[Fe(CN)_6]$（5％），搅拌均匀后，玻璃棒蘸取溶液在纸面上写字，在日光下观察字迹颜色变化。

【问题与讨论】

1. 能否直接用三价铁制备三草酸合铁(Ⅲ)酸钾，如 $FeCl_3$ 等？

2. 为什么在滴加 H_2O_2 过程中需要控制温度？

3. 滴加 KNO_3 溶液起到什么作用？

4. 最后能否在析晶之前适当浓缩溶液？

5. 什么叫复盐？它与配合物有何区别？

6. 实验中为什么保持硫酸亚铁、硫酸亚铁铵溶液呈较强的酸性？

实验 27　混合碱的分析与测定

【实验目的】
1. 掌握利用双指示剂法分析和测定混合碱的组成和含量的基本原理和方法。
2. 巩固酸碱滴定的基本操作。

【基本原理】

混合碱是指 Na_2CO_3、$NaOH$、$NaHCO_3$ 的各自混合物及类似的混合物，但不存在 $NaOH$ 和 $NaHCO_3$ 的混合物（为什么?）。

2. $0.1mol \cdot L^{-1}$ 的 $NaOH$、Na_2CO_3、$NaHCO_3$ 溶液的 pH 分别为 13.0、11.6、8.3，用 $0.1mol \cdot L^{-1}$ HCl 分别滴定 $0.1mol \cdot L^{-1}$ $NaOH$、Na_2CO_3、$NaHCO_3$ 溶液时，如果以酚酞为指示剂，酚酞的变色范围为 8~10，因此，$NaOH$、Na_2CO_3 可以被滴定，$NaOH$ 转化为 $NaCl$，Na_2CO_3 转化为 $NaHCO_3$，为第一终点；而 $NaHCO_3$ 不被滴定，当以甲基橙（3.1~4.3）为指示剂时，$NaHCO_3$ 被滴定转化为 $NaCl$，为第二终点。

分析：

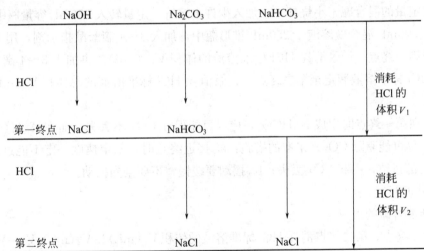

从上述分析可见，通过滴定不仅能够完成定量分析，还可以完成定性分析。

因为 Na_2CO_3 转化生成 $NaHCO_3$ 以及 $NaHCO_3$ 转化为 $NaCl$ 消耗 HCl 的量是相等的，所以，由 V_1 和 V_2 的大小可以判断混合碱的组成。

当 $V_1 > V_2$ 时，说明是 $NaOH$ 和 Na_2CO_3 组成混合碱；当 $V_1 < V_2$ 时，说明是 Na_2CO_3 和 $NaHCO_3$ 组成混合碱。

计算公式：

（1）$NaOH$ 和 Na_2CO_3 组成混合碱（$V_1 > V_2$）

$$w_{NaOH} = \frac{c(V_1 - V_2)M_{NaOH}}{m} \times 100\%$$

$$w_{Na_2CO_3} = \frac{cV_2 M_{Na_2CO_3}}{m} \times 100\%$$

（2）Na_2CO_3 和 $NaHCO_3$ 组成混合碱（$V_1 < V_2$）

$$w_{Na_2CO_3} = \frac{cV_1 \times M_{Na_2CO_3}}{m} \times 100\%$$

$$w_{NaHCO_3} = \frac{c(V_2 - V_1) \times M_{NaHCO_3}}{m} \times 100\%$$

当 $V_1 = 0$，$V_2 \neq 0$；$V_1 \neq 0$，$V_2 = 0$；$V_1 = V_2 \neq 0$ 时，又如何？

【仪器与试剂】

仪器：酸式滴定管（50mL），电子天平（0.1mg），容量瓶（250mL），移液管（25mL）。

试剂：盐酸（$0.1mol \cdot L^{-1}$），酚酞（$2g \cdot L^{-1}$ 乙醇溶液），甲基橙（0.2%），混合碱试样。

【实验步骤】

1. HCl 标准溶液的标定

准确称量 0.10～0.12g 无水 Na_2CO_3 三份，分别置于 250mL 锥形瓶中，加入 25mL 蒸馏水溶解，滴加 2～3 滴甲基橙，用 HCl 标准溶液滴定至终点。

注意：终点时生成的是 H_2CO_3 饱和溶液，pH 为 3.9，为了防止终点提前，必须尽可能驱除 CO_2，接近终点时要剧烈振荡溶液，或者加热。

2. 混合碱分析

称取一定量的混合碱于小烧杯中，加入少许水溶解，定量转入 250mL 容量瓶中定容。

移取 25.00mL 混合碱溶液于 250mL 锥形瓶中，加入 3～4 滴酚酞指示剂，用 HCl 标准溶液滴定至第一终点。记录消耗 HCl 标准溶液的体积 V_1（mL）。再加入 3～4 滴甲基橙指示剂，用 HCl 标准溶液滴定至第二终点。记录消耗 HCl 标准溶液的总体积 V（mL）。平行操作三次。

注意：在第一终点时生成 $NaHCO_3$，应尽可能保证 CO_2 不丢失。而在第二终点时生成 H_2CO_3，应尽可能驱除 CO_2。采取的措施：a. 接近终点时，滴定速度一定不能过快，否则造成 HCl 局部过浓，引起 CO_2 丢失；b. 摇动要缓慢，不要剧烈振动。

【数据处理】

1. 判断混合碱的组成

根据第一终点、第二终点消耗 HCl 标准溶液的体积 V_1（mL）和 V_2（mL）（$V_2 = V - V_1$）的大小判断混合碱的组成。

2. 计算分析结果

根据混合碱的组成，写出各自的滴定反应式，推出计算公式，计算各组分的含量。

（1）HCl 标准溶液的标定

实验数据记入表 5-2。

表 5-2 HCl 标准溶液的标定

项目	1	2	3
$m_{Na_2CO_3}/g$			
V_{HCl}/mL			
$c_{HCl}/mol \cdot L^{-1}$			
平均 $c_{HCl}/mol \cdot L^{-1}$			
相对平均偏差/%			

（2）混合碱的测定（写明组分）

实验数据记入表 5-3。

表 5-3　混合碱的测定

项目		1	2	3
第一终点	V_1/mL			
第二终点	V/mL			
	V_2/mL			
组分 1 含量/%				
组分 1 平均含量/%				
相对平均偏差/%				
组分 2 含量/%				
组分 2 平均含量/%				
相对平均偏差/%				

【问题与讨论】

1. 双指示剂法测定混合碱的准确度较低，还有什么方法能提高分析结果的准确度？

2. 为什么一般都用强碱氢氧化钠滴定酸？

3. 为什么标准溶液的浓度一般都为 $0.1 mol \cdot L^{-1}$，而不宜过高或过低？

4. 酸碱滴定法中，选择指示剂的依据是什么？

5. 干燥的纯 NaOH 和 $NaHCO_3$ 按 2∶1 的质量比混合后溶于水，并用盐酸标准溶液滴定。使用酚酞为指示剂时用去盐酸的体积为 V_1，继续用甲基橙为指示剂，又用去盐酸的体积为 V_2，求 V_1/V_2。（保留 3 位有效数字）

【注意事项】

1. 双指示剂法，由于使用了酚酞（由红色至无色）、甲基橙双色指示剂，颜色变化不明显，分析结果的误差较大。可以采用对照的方法提高分析结果的准确度。

2. 在接近终点时，必须注意 CO_2 的保护与驱除，否则造成终点延后与提前。

实验 28　胃舒平药片中铝和镁含量的测定

【实验目的】

1. 学习药剂测定的前处理方法。
2. 学习用返滴定法测定铝的方法。
3. 掌握沉淀分离的操作方法。

【实验原理】

胃舒平主要成分为氢氧化铝、三硅酸铝及少量中药颠茄流浸膏，在制成片剂时还加了大量糊精等赋形剂。药片中 Al 和 Mg 的含量可用 EDTA 配位滴定法测定。

首先溶解样品，分离除去不溶于水的物质，然后分取试液加入过量的 EDTA 溶液，调节 pH 至 4 左右，煮沸使 EDTA 与 Al 配位完全，再以二甲酚橙为指示剂，用 Zn 标准溶液返滴过量的 EDTA，测出 Al 含量。另取试液，调节 pH 将 Al 沉淀分离后在 pH 为 10 的条件下以铬黑 T 作指示剂，用 EDTA 标准溶液滴定滤液中的 Mg。

【仪器与试剂】

仪器：滴定管（50mL），容量瓶（250mL），移液管（25mL），锥形瓶（250mL），烧杯（100mL）。

试剂：EDTA 标准溶液（0.02mol·L^{-1}），Zn^{2+} 标准溶液（0.02mol·L^{-1}），六亚甲基四胺（20%），三乙醇胺（1:2），氨水（1:1），盐酸（1:1），甲基红指示剂（0.2%乙醇溶液），铬黑 T 指示剂（0.2%），二甲酚橙指示剂（0.2%），NH$_3$-NH$_4$Cl 缓冲溶液（pH＝10）。

【实验步骤】

1. 样品处理

称取胃舒平药片 10 片，研细后从中称出药粉 2.0g 左右，加入 20.0mL HCl（1:1），加蒸馏水 100mL，煮沸，冷却后过滤，并以水洗涤沉淀，收集滤液及洗涤液于 250mL 容量瓶中，稀释至刻度，摇匀。

2. 铝的测定

准确吸取上述试液 5.00mL，加水至 25.0mL 左右，滴加 1:1 NH$_3$·H$_2$O 溶液至刚出现浑浊，再加 1:1 HCl 溶液至沉淀恰好溶解，准确加入 EDTA 标准溶液 25.00mL，再加入 10.0mL 六亚甲基四胺溶液，煮沸 10min 并冷却后，加入二甲酚橙指示剂 2~3 滴，以 Zn^{2+} 标准溶液滴定至溶液由黄色变为红色，即为终点。根据 EDTA 加入量与 Zn^{2+} 标准溶液滴定体积，计算每片药片中 Al(OH)$_3$ 质量分数。

3. 镁的测定

吸取试液 25.00mL，滴加 1:1 NH$_3$·H$_2$O 溶液至刚出现沉淀，再加 1:1 HCl 溶液至沉淀恰好溶解，加入 2.0g 固体 NH$_4$Cl，滴加六亚甲基四胺溶液至沉淀出现并过量 15.0mL，加热至 80℃，维持 10~15min，冷却后过滤，以少量蒸馏水洗涤沉淀数次，收集滤液与洗涤液于 250mL 锥形瓶中，加入三乙醇胺溶液 10.0mL、NH$_3$-NH$_4$Cl 缓冲溶液 10.0mL 及甲基红指示剂 1 滴、铬黑 T 指示剂少许，用 EDTA 标准溶液滴定至试液由暗红色转变为蓝绿色，即为终点。计算每片药片中 Mg（以 MgO 表示）的质量分数。

【数据处理】

（1）铝的测定

实验数据记入表 5-4。

表 5-4 铝的测定

次数\项目	1	2	3
m_1(药片)/g			
m_2(药粉)/g			
V_0(试液)/mL	25.00		
V_1(Zn，标始)/mL			
V_2(Zn，标终)/mL			
V_3(Zn，标)/mL			
$w_{Al(OH)_3}$/%			
$w_{Al(OH)_3}$平均值/%			

（2）镁的测定

实验数据记入表 5-5。

表 5-5 镁的测定

次数\项目	1	2	3
m_1(药片)/g			
m_2(药粉)/g			
V_0(试液)/mL	5.00		
V_1(EDTA，标)/mL	25.00		
V_2(EDTA，标始)/mL			
V_3(EDTA，标终)/mL			
V_4(EDTA，标)/mL			
w_{MgO}/%			
w_{MgO}平均值/%			

【问题与讨论】

1. 本实验为什么要称取大样后，再分取部分试液进行滴定？

2. 在分离铝后的滤液中测定镁，为什么要加三乙醇胺？

【注意事项】

1. 为使测定结果具有代表性，应取较多样品，研细后再取部分进行分析。

2. 测定镁时加入甲基红一滴可使终点更为敏锐。

实验 29 硫代硫酸钠的标定和维生素 C 片中维生素 C 含量的测定

【实验目的】

1. 学习碘量法标定硫代硫酸钠浓度的原理、方法与操作技能。

2. 巩固滴定分析实验操作技能。

【实验原理】

$Na_2S_2O_3 \cdot 5H_2O$ 容易风化、潮解，因此不能直接配制标准浓度的溶液，只能用间接法配制，为了获得浓度较稳定的标准 $Na_2S_2O_3$ 溶液，配制时，必须用新煮沸并冷却的蒸馏水，以抑制蒸馏水中 CO_2、微生物与 $Na_2S_2O_3$ 作用而使其分解，同时蒸馏水必须保持微碱性，防止 $Na_2S_2O_3$ 在酸性溶液中分解。

标定 $Na_2S_2O_3$ 的基本反应是：

$$I_2 + 2S_2O_3^{2-} \longrightarrow 2I^- + S_4O_6^{2-}$$

反应条件为中性或弱酸性。其中的 I_2 是由强氧化剂与 KI 定量反应所得，常用强氧化剂基准物一般为：KIO_3、$KBrO_3$、$K_2Cr_2O_7$ 等。与 KI 的反应为：

$$Cr_2O_7^{2-} + 6I^- + 14H^+ \longrightarrow 2Cr^{3+} + 3I_2 + 7H_2O$$

而 $K_2Cr_2O_7$ 与 KI 反应速率慢，因此，在氧化还原反应中，应充分了解反应速率，使滴定速率与反应速率相吻合。故在标定 $Na_2S_2O_3$ 时，$K_2Cr_2O_7$ 与 KI 作用必须 KI 过量，而且要放置一段时间使其充分应。

抗坏血酸又称维生素 C，分子式为 $C_6H_8O_6$，由于分子中的烯二醇基具有还原性，能被 I_2 氧化成二酮基：

$$\begin{array}{c} \text{OH} \\ \overset{|}{\underset{|}{\text{C—C=C—C—C—CH}}} + I_2 \Longleftrightarrow \overset{|}{\underset{|}{\text{C—C—C—C—C—CH}}} + 2HI \\ \text{O OH OH H OH H} \qquad \text{O O O H OH H} \end{array}$$

维生素 C 的电极反应式为

$$C_6H_8O_6 \Longleftrightarrow C_6H_6O_6 + 2H^+ + 2e^- \qquad E^{\ominus} = +0.18V$$

1mol 维生素 C 与 1mol I_2 定量反应，维生素 C 摩尔质量为 $176.12g \cdot mol^{-1}$。该反应可以用来测定药物、食品中的维生素 C 含量。

由于维生素 C 的还原性很强，在空气中极易被氧化，尤其是在碱性介质中。测定时加入 HAc 使溶液呈酸性，减少维生素 C 的副反应。

【仪器与试剂】

仪器：恒温水浴箱，烘箱，电子天平，烧杯（100mL，250mL），容量瓶（100mL，250mL），锥形瓶（250mL），试剂瓶（500mL 磨口瓶），洗瓶，洗耳球，酸式滴定管（50mL），碱式滴定管（50mL），移液管（25mL），刻度吸管（1.00ml，2.00mL，5.00mL，10.00mL），称量瓶。

试剂：邻苯二甲酸氢钾（s，AR），HAc（2.0mol·L^{-1}），淀粉溶液（5.0g·L^{-1}），$Na_2S_2O_3$·$5H_2O$（s，AR），$K_2Cr_2O_7$（s，AR），20%KI溶液，HCl（6.0mol·L^{-1}）。

【实验步骤】

1. 0.050mol·L^{-1} $K_2Cr_2O_7$ 标准溶液的配制

将分析纯 $K_2Cr_2O_7$ 在150~180℃干燥2h，置于干燥器中冷却至室温。用电子天平称量法准确称取0.6129g于小烧杯中，加水溶解，定量转入250mL容量瓶中，稀至刻度摇匀。

2. 0.10mol·L^{-1} I_2 溶液的配制

称取3.3g I_2 和5.0g KI，置于研钵中，加入少量水研磨（通风橱中操作），待 I_2 全部溶解后，将溶液转入棕色试剂瓶中。加水稀释至250mL，摇匀，暗处保存。

3. 0.10mol·L^{-1} $Na_2S_2O_3$ 溶液的配制

称取 $Na_2S_2O_3$·$5H_2O$ 12.5g置于500mL烧杯中，加入约0.1g Na_2CO_3，用新煮沸经冷却的蒸馏水溶液稀释到500.0mL，保存于棕色瓶中，在暗处放置一周后再标定浓度。

4. 0.10mol·L^{-1}$Na_2S_2O_3$ 溶液的标定

用移液管吸取 $K_2Cr_2O_7$ 溶液25.00mL于250mL锥形（碘）瓶中，加入5.0mL 6mol·L^{-1}HCl溶液，加入20%KI 5.0mL，摇匀后放在暗处5min后，立即用待标定的 $Na_2S_2O_3$ 溶液滴定至淡黄色，加0.2%淀粉溶液5.0mL，继续用待标定的 $Na_2S_2O_3$ 溶液滴定至蓝色刚好消失，计算浓度。平行3~5份，计算平均值。

5. I_2 标准溶液的标定

吸取25.00mL $Na_2S_2O_3$·$5H_2O$ 标准溶液3份，分别置于250mL锥形瓶中，加入50.0mL水、2.0mL淀粉溶液，用 I_2 滴定至稳定的蓝色，0.5min不褪色即为终点。平行测定3~5份，计算 I_2 溶液的浓度。

6. 维生素C片（粒）中维生素C含量的测定

取维生素C片（粒）1~2片（粒）（质量大于0.2g），在研钵中研碎，准确称重后置于锥形瓶中，加10.0mL 2.0mol·L^{-1}HAc，加水30.0mL、淀粉指示剂2.0mL，立即用 I_2 标准溶液滴定至呈稳定的蓝色为终点，平行测定3~5份，计算百分含量。

【问题与讨论】

1. 配制 $Na_2S_2O_3$ 所使用的蒸馏水为什么要先煮沸再冷却后才能使用？

2. 为什么要用强氧化剂与KI反应产生 I_2 来标定 $Na_2S_2O_3$，而不能用氧化剂直接反应来标定 $Na_2S_2O_3$？

实验 30 漂白粉中有效氯含量的测定

【实验目的】

1. 掌握间接碘量法的基本原理及滴定条件。
2. 掌握测定漂白粉中有效氯含量的操作方法。
3. 了解小量化实验方法。

【实验原理】

碘量法是以电极反应 $I_2 + 2e^- \longrightarrow 2I^-$ 为基础的滴定分析方法。$\varphi_{I_2/I^-}^{\ominus} = 0.535V$，故 I_2 是中等强度的氧化剂，I^- 是中等强度的还原剂。利用 I_2 的氧化性和 I^- 的还原性进行滴定分析的方法称为碘量法。其中用 I^- 与氧化剂作用生成 I_2，再用 $Na_2S_2O_3$ 标准溶液滴定所生成的 I_2，从而间接测定氧化性物质含量的方法称为间接碘量法。间接碘量法有较广泛的应用。

漂白粉的主要成分是次氯酸钙和氯化钙。它与酸作用放出的氯气具有杀菌、消毒作用，称为有效氯。利用以下反应，可间接测定漂白粉中有效氯的含量：

$$Ca(ClO)Cl + H_2SO_4 \longrightarrow CaSO_4 + Cl_2 \uparrow + H_2O$$

$$Cl_2 + 2KI \longrightarrow 2KCl + I_2$$

$$I_2 + 2Na_2S_2O_3 \longrightarrow Na_2S_4O_6 + 2NaI$$

市售 $Na_2S_2O_3 \cdot 5H_2O$ 一般含有少量杂质（如 S、Na_2SO_4、NaCl、Na_2CO_3 等），且易风化和潮解，因此不能用直接法配成标准溶液。$Na_2S_2O_3$ 溶液不稳定，水中的 CO_2、O_2 等会与 $Na_2S_2O_3$ 反应；水中的微生物如嗜硫菌等会使 $Na_2S_2O_3$ 分解。因此配制 $Na_2S_2O_3$ 溶液时必须用新煮沸过的冷蒸馏水，这样不仅可以除去水中的 CO_2 和 O_2，还能杀死细菌。加入少量 Na_2CO_3 作稳定剂，可以使 pH 值保持在 $9\sim10$，以抑制细菌的生长。日光能促进 $Na_2S_2O_3$ 的分解，故应将 $Na_2S_2O_3$ 溶液贮存于棕色瓶中，置于避光处 $7\sim10d$，使其分解作用充分进行后再标定。

标定 $Na_2S_2O_3$ 溶液可用碘标准溶液或基准物如 $K_2Cr_2O_7$、KIO_3、$KBrO_3$ 等。$KBrO_3$ 在酸性溶液中与过量 KI 作用生成 I_2，再用 $Na_2S_2O_3$ 溶液滴定 I_2：

$$BrO_3^- + 6I^- + 6H^+ \longrightarrow Br^- + 3I_2 + 3H_2O$$

$$I_2 + 2S_2O_3^{2-} \longrightarrow S_4O_6^{2-} + 2I^-$$

根据化学反应，由基准物质 $KBrO_3$ 的质量和滴定所消耗的 $Na_2S_2O_3$ 溶液的体积，即可算出 $Na_2S_2O_3$ 溶液的准确浓度。

标定后的 $Na_2S_2O_3$ 溶液不宜长期保存，在使用一段时间后应重新标定。如果发现溶液变浑则表示有单质 S 析出，应弃去重新配制。

【仪器与试剂】

仪器：电子天平（0.1mg），称量瓶，烧杯（200mL），容量瓶（50mL），带塞锥形瓶（50mL），量筒（10mL），棕色试剂瓶（500mL），吸量管（5mL），微型滴定管，多用滴管，洗耳球。

试剂：20% KI，1% 淀粉溶液，$3.0mol \cdot L^{-1}$ H_2SO_4，Na_2CO_3（s，AR），$K_2Cr_2O_7$

（s，AR），$Na_2S_2O_3 \cdot 5H_2O$（s，AR），$KBrO_3$（s，AR），漂白粉。

【实验步骤】

（一）常量法

1. 配制 $Na_2S_2O_3$ 溶液

用台秤称取 $Na_2S_2O_3 \cdot 5H_2O$ 13.0g 和 0.1g Na_2CO_3 溶于 500mL 新煮沸过冷却的蒸馏水中。转入棕色瓶中，放置于避光处 7～10d 后标定。

2. $Na_2S_2O_3$ 溶液的标定

在电子天平上称取 0.27g（准确至 0.1mg）$KBrO_3$，置于 250mL 烧杯中，加入蒸馏水溶解，转入 100mL 容量瓶中，用少量蒸馏水洗涤烧杯三次，洗液全部转入容量瓶中。加水至刻度线，摇匀。计算此 $KBrO_3$ 标准溶液的浓度。

移取 $KBrO_3$ 标准溶液 20.00mL，放入洁净的 250mL 碘量瓶中，依次加入 20% KI 溶液 10.0mL 和 $3.0mol \cdot L^{-1} H_2SO_4$ 10.0mL，加盖摇匀后置于暗处放 5min。加 150.0mL 蒸馏水，用待标定的 $Na_2S_2O_3$ 溶液滴定。接近终点时（溶液由深褐色变为浅黄色），加入 1% 淀粉指示剂 5.0mL，溶液变蓝，继续滴定至溶液由蓝色刚好褪去即为终点，记下所用 $Na_2S_2O_3$ 溶液的体积，平行测定三次。按下式计算 $Na_2S_2O_3$ 溶液的浓度：

$$c_{Na_2S_2O_3} = \frac{m_{KBrO_3} \times 20.00 \times 6/100.00}{M_{KBrO_3} \times V_{Na_2S_2O_3}}$$

$M_{KBrO_3} = 167 g \cdot mol^{-1}$。

3. 漂白粉悬浊液的配制

用差量法称漂白粉 2.0g（准确至 0.1mg），放入 100mL 小烧杯中，加入少量蒸馏水将漂白粉调为糊状，再加适量的蒸馏水制成悬浮液。转入 250mL 容量瓶中，用少量蒸馏水洗涤烧杯三次，洗液全部转入容量瓶中。再加蒸馏水稀释至刻度线，摇匀。

4. 漂白粉中有效氯含量的测定

用移液管迅速吸取摇匀的漂白粉悬浊液 25.00mL，放入 250mL 碘量瓶中，加入 10.0mL $3.0mol \cdot L^{-1} H_2SO_4$ 溶液和 15.0mL 20% KI 溶液，加盖摇匀。放置暗处 5min 后，加入 80.0mL 蒸馏水，立即用 $Na_2S_2O_3$ 标准溶液滴定析出的 I_2，待大部分 I_2 被还原、溶液呈浅黄色时，加入 3.0mL 1% 淀粉试液，溶液变蓝，继续滴定至蓝色刚好消失为止，平行测定三次。按下式计算漂白粉中有效氯的含量：

$$w_{有效氯} = \frac{c_{Na_2S_2O_3} \times V_{Na_2S_2O_3} \times M_{Cl}}{m \times 25.00/250.00} \times 100\%$$

式中 m——漂白粉的质量。

（二）小量化分析

1. $Na_2S_2O_3$ 溶液的配制

在台秤上称取约 1.3g $Na_2S_2O_3 \cdot 5H_2O$ 于小烧杯中，用适量新煮沸过刚冷却的蒸馏水溶解后，加入约 0.01g Na_2CO_3，转入 50mL 棕色试剂瓶中，稀释至 50mL，摇匀，放置于避光处 7～10d 后标定。

2. $K_2Cr_2O_7$ 标准溶液的配制

在电子天平上精确称取 0.22～0.28g 已在 120℃恒温干燥至恒重的 $K_2Cr_2O_7$，置于小烧杯中，加少量蒸馏水溶解后，转入 50mL 容量瓶中。用少量蒸馏水洗涤小烧杯数次，洗涤液亦转入容量瓶中，加水至标线，摇匀。

3. $Na_2S_2O_3$ 溶液的标定

用吸量管吸取 $K_2Cr_2O_7$ 标准溶液 4.00mL，置于带塞锥形瓶中，加入 1.5mL 3.0mol·L^{-1} H_2SO_4 和 2.0mL 20% KI 溶液，盖好瓶盖并摇匀，于暗处放置 5min。

用多用滴管将 $Na_2S_2O_3$ 溶液加入微型滴定管中，使液面为零刻度。加 10.0mL 蒸馏水于从暗处取出的锥形瓶中，立即用 $Na_2S_2O_3$ 溶液滴定析出的 I_2，至溶液呈浅黄绿色时，加入淀粉试液 0.5mL，溶液变蓝。继续滴定至蓝色刚好消失，呈现浅绿色时为止。记录结果，重复操作至两次滴定的体积差小于 0.002mL。取两次测定的平均值。按下式计算 $Na_2S_2O_3$ 溶液的准确浓度：

$$c_{Na_2S_2O_3} = \frac{m_{K_2Cr_2O_7} \times 4.00 \times 6/50.00}{M_{K_2Cr_2O_7} \times V_{Na_2S_2O_3}}$$

$M_{K_2Cr_2O_7} = 294.2g·mol^{-1}$。

4. 漂白粉悬浊液的配制

在电子天平上精确称取 0.5～1 片漂白粉精片，置于研钵中，加少许蒸馏水研成糊状。小心地转入 50mL 容量瓶中，加蒸馏水至标线，摇匀。

5. 漂白粉中有效氯含量的测定

用吸量管迅速吸取摇匀的漂白粉悬浊液 4.00mL，置于锥形瓶中，加入 1.5mL 3.0mol·L^{-1}H_2SO_4 溶液和 2.0mL 20% KI 溶液，加盖摇匀。暗处放置 5min 后，加入 10.0mL 蒸馏水，立即用 $Na_2S_2O_3$ 溶液滴定析出的 I_2，到大部分 I_2 被还原、溶液呈浅黄色时，加入 0.5mL 淀粉试液，溶液变蓝，继续滴定至蓝色刚好消失为止。记录结果，重复操作至两次滴定的体积差小于 0.02mL。取两次测定的平均值，按下式计算漂白粉中有效氯的含量：

$$w_{有效氯} = \frac{c_{Na_2S_2O_3} \times V_{Na_2S_2O_3} \times M_{Cl}}{m \times 4.00/50.00} \times 100\%$$

式中 m——称取的漂白粉精片的质量。

【问题与讨论】

1. 用 $Na_2S_2O_3$ 溶液滴定 I_2 前，为什么要加水稀释溶液？

2. $Na_2S_2O_3$ 溶液的标定中，为什么要加入过量的 KI 和硫酸溶液？

3. 碘量瓶的作用类似于锥形瓶，但为什么要配上瓶塞？

4. 碘量法中，为什么淀粉指示剂要在接近终点时才能加入？

第六部分

设计性实验

实验 31　三草酸合铁(Ⅲ)酸钾的组成分析

【实验目的】

1. 了解配合物组成分析的方法和手段。

2. 用化学分析、热分析、电荷测定、磁化率测定、红外光谱等方法确定三草酸合铁(Ⅲ)酸钾的组成，掌握有关结构测试的物理方法。

【实验原理】

三草酸合铁(Ⅲ)酸钾为绿色单斜晶体，水中溶解度 0℃ 时为 $4.7g \cdot (100g\ H_2O)^{-1}$，100℃ 时为 $118g \cdot (100g\ H_2O)^{-1}$，难溶于乙醇。100℃ 时脱去结晶水，230℃ 时分解。

要确定所得配合物的组成，必须综合应用各种方法。化学分析可以确定各组分的质量分数，从而确定化学式。

配合物中的金属离子的含量一般可通过容量滴定、比色分析或原子吸收光谱法确定，本实验配合物中的铁含量采用磺基水杨酸比色法测定。

配体草酸根的含量分析一般采用氧化还原滴定法确定（高锰酸钾法滴定分析）；也可用热分析法确定。红外光谱可定性鉴定配合物中所含有的结晶水和草酸根。用热分析法可定量测定结晶水和草酸根的含量，也可用气相色谱法测定不同温度时热分解产物中逸出气体的组分及其相对含量。

【仪器与试剂】

仪器：722 型分光光度计，红外光谱仪，差热天平（热分析仪），常用玻璃仪器，电磁搅拌器。

试剂：三草酸根合铁(Ⅲ)酸钾(s，AR)，Fe^{3+} 标准溶液（$0.10mg \cdot mL^{-1}$），氯化钾(s，AR)，氨水（AR），磺基水杨酸（25%，AR），HCl（1∶1）。

【实验步骤】

1. 配合物中铁含量的测定

称取 1.9640g 经重结晶后干燥的配合物晶体，溶于 80.0mL 水中，注入 1.0mL 体积比为 1∶1 盐酸后，在 100mL 容量瓶中稀释到刻度。准确吸取上述溶液 5.00mL 于 500mL 容量瓶中，稀释到刻度，此溶液为样品溶液（溶液须保存在暗处，以避免草酸根合铁配离子见光分解）。

用吸量管分别吸取 0.00mL、2.50mL、5.00mL、10.00mL、12.50mL 铁标准溶液和 25.00mL 样品溶液于 100mL 容量瓶中，用蒸馏水稀释到约 50mL，加入 5.00mL 25% 的磺基水杨酸，用 1∶1 氨水中和到溶液呈黄色，再加入 1.0mL 氨水，然后用蒸馏水稀释到刻度，摇匀。在分光光度计上，用 1cm 比色皿在 450nm 处进行比色，测定铁标准溶液和各样品溶液的吸光度。亦可用还原剂把 Fe^{3+} 还原为 Fe^{2+}，然后用 $KMnO_4$ 标准溶液滴定 Fe^{2+}，计算出 Fe^{2+} 含量。或可选择其它合适的方法来测定铁含量。

2. 草酸根含量的测定

把制得的草酸根合铁(Ⅲ)酸钾于恒温干燥箱中 50～60℃ 干燥 1h，在干燥器中冷却至室温，精确称取样品约 0.1～0.15g（做两组平行实验取平均值）。放入 250mL 锥形瓶中，加入 25.0mL 水和 5.0mL 1.0mol·L^{-1}H$_2$SO$_4$，用 0.02000mol·L^{-1}KMnO$_4$ 标准溶液滴定。滴定时先滴入 8.0mL 左右的 KMnO$_4$ 标准溶液，然后加热到 343～358K（70～85℃）（不高于 358K）直至紫红色消失。再用 KMnO$_4$ 滴定热溶液，直至微红色在 30s 内不消失。记下消耗 KMnO$_4$ 标准溶液的总体积，计算草酸根合铁（Ⅲ）酸钾中草酸根的质量分数。

$$5C_2O_4^{2-} + 2MnO_4^- + 16H^+ \longrightarrow 10CO_2 \uparrow + 2Mn^{2+} + 8H_2O$$

3. 热重分析

在瓷坩埚中，称取一定量磨细的配合物样品，按规定的操作步骤在热天平上进行热分解测定，升温到 550℃ 为止。记录不同温度时的样品质量。热分解产物中是否有碳酸盐可用盐酸来鉴定，亦可用气相色谱测定不同温度时热分解产物中逸出气的组分及其相对含量。

4. 红外光谱测定

分别测定重结晶的配合物和 550℃ 的热分解产物的红外光谱。

【数据处理】

1. 配合物中的铁含量测定

将分光光度法测定的实验结果记录于表 6-1。

表 6-1 配合物中铁含量的测定

编号	$V_{Fe^{3+}}$/mL	$c_{Fe^{3+}}$/μg·mL^{-1}	吸光度 A		
			1	2	平均
1	0	0			
2	2.5	2.5			
3	5.0	5.0			
4	7.5	7.5			
5	10	10			
样品	25	x			

以吸光度 A 为纵坐标，Fe^{3+} 含量为横坐标作图得一直线，即为 Fe^{3+} 的标准曲线。以样品的吸光度 A 在标准曲线上找到相应的 Fe^{3+} 含量，并计算样品中 Fe^{3+} 的含量。

2. 草酸根含量的测定

根据高锰酸钾溶液的用量计算草酸根的质量分数，实验数据记入表 6-2。

表 6-2 草酸根含量的测定

编号	$m_{样品}$/g	$V_{高锰酸钾}$/mL	$w_{C_2O_4^{2-}}$/%	$\overline{w}_{C_2O_4^{2-}}$/%
1				
2				
3				

3. 配合物的热重分析

由热重曲线（见图 6-1）计算样品的失重率，根据失重率可计算配合物中所含的结晶水。与各种可能的热分解反应的理论失重率相比较，参考红外光谱图，确定该配合物的组成。

可能的热分解反应（仅供参考）：

(1) K$_3$[Fe(C$_2$O$_4$)$_3$]·3H$_2$O $\longrightarrow$ K$_3$[Fe(C$_2$O$_4$)$_3$] + 3H$_2$O 11.00%

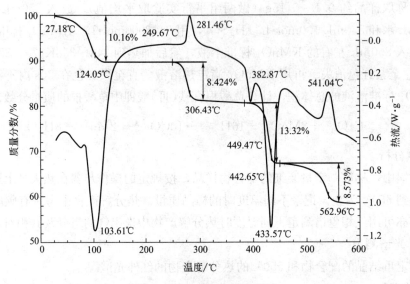

图 6-1　样品热重分析曲线

(2)　　　$2K_3[Fe(C_2O_4)_3] \longrightarrow 3K_2C_2O_4 + 2FeC_2O_4 + 2CO_2$　10.06%

或　　　$K_3[Fe(C_2O_4)_3] \longrightarrow K_2C_2O_4 + FeC_2O_4 + \frac{1}{2}K_2CO_3 + CO_2 + \frac{1}{2}CO$　11.81%

(3)　　　$FeCO_3 + \frac{3}{2}K_2CO_3 \longrightarrow \frac{3}{2}K_2CO_3 + \frac{1}{4}Fe_3O_4 + \frac{1}{4}Fe + CO_2$　8.83%

4. 配合物分子式的确定

根据 $n_{Fe^{3+}} : n_{C_2O_4^{2-}} = (w_{Fe^{3+}}/55.8) : (w_{C_2O_4^{2-}}/88.0)$ 可确定 Fe^{3+} 与 $C_2O_4^{2-}$ 的配位比。

由热重分析可得到结晶水的质量分数。

根据电荷平衡可确定 K^+ 的含量。或者由配合物减去结晶水、$C_2O_4^{2-}$、Fe^{3+} 的含量后即为 K^+ 的含量。

根据配合物各组分的含量，推算确定其化学式。

5. 红外光谱解析

由样品所测得的红外光谱图（图 6-2），根据基团的特征频率（见表 6-3）可说明样品中所含的基团，并与标准红外光谱图对照可以初步确定是何种配体和是否存在结晶水。

由热分解产物的红外光谱图（图 6-2）可以确定其中含有何种产物。

表 6-3　标准物 $K_3[Fe(C_2O_4)_3]$ 及其合成物的振动频率和谱带归属

标准物		合成物
振动频率/cm^{-1}	谱带归属	振动频率/cm^{-1}
1712	$\nu_a(C=O)$	1716.32
1677,1649	$\nu_a(C=O)$	
1390	$\nu_s(CO) + \nu(CO) + \delta(O-C=O)$	1386.59
1270,1255	$\nu(CO)$	1263.80
885	$\nu_s(CO) + \delta(O-C=O)$	890.49
797,785	$\delta(O-C=O) + \nu(MO)$	800.23
528	$\nu(MO) + \delta(CC)$	539.16

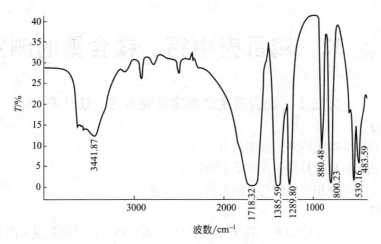

图 6-2　热分解产物红外光谱图

【问题与讨论】

1．确定配合物中的草酸根含量还可以采取什么方法？如何实现？

2．结晶水的含量还可以采用什么方法测定？

3．如何正确确定三草酸合铁（Ⅲ）酸钾的热分解产物？

【注意事项】

三草酸合铁（Ⅲ）酸钾是一种亮绿色晶体，易溶于水难溶于丙酮等有机溶剂，它是光敏物质，见光分解。

$$2K_3[Fe(C_2O_4)_3] \longrightarrow 3K_2C_2O_4 + 2FeC_2O_4 + 2CO_2 \uparrow$$

实验 32　鸡蛋壳中钙、镁含量的测定

方法 I　配合滴定法测定蛋壳中钙、镁总量

【实验目的】

1. 进一步巩固掌握配位滴定分析的方法与原理。

2. 学习使用配位掩蔽排除干扰离子影响的方法。

3. 训练对实物试样中某组分含量测定的一般步骤。

【实验原理】

鸡蛋壳的主要成分为 $CaCO_3$，其次为 $MgCO_3$、蛋白质、色素以及少量的 Fe 和 Al。

在 $pH=10$ 时，用铬黑 T 作指示剂，EDTA 可直接测量 Ca^{2+}、Mg^{2+} 总量，为提高配合选择性，在 $pH=10$ 时，加入掩蔽剂三乙醇胺使之与 Fe^{3+}、Al^{3+} 等离子生成更稳定的配合物，以排除它们对 Ca^{2+}、Mg^{2+} 测量的干扰。

【仪器与试剂】

仪器：锥形瓶（250mL），容量瓶（250mL），烧杯，酒精灯，移液管（25mL）。

试剂：$6.0mol \cdot L^{-1}$ HCl，铬黑 T 指示剂，1：2 三乙醇胺水溶液，NH_4Cl-$NH_3 \cdot H_2O$ 缓冲溶液（$pH=10$），$0.01mol \cdot L^{-1}$ EDTA 标准溶液。

【实验步骤】

1. 蛋壳预处理

先将蛋壳洗净，加蒸馏水煮沸 5～10min，去除蛋壳内表层的蛋白薄膜，然后把蛋壳放于烧杯中用小火烤干，研成粉末。

2. 自拟定确定蛋壳称量范围的实验方案。

3. 钙镁总量的测定

准确称取一定量的蛋壳粉末，小心滴加 $6.0mol \cdot L^{-1}$ HCl 4～5mL，微火加热至完全溶解（少量蛋白膜不溶），冷却，转移至 250mL 容量瓶中，稀释至接近刻度线，若有泡沫，滴加 2～3 滴 95％乙醇，泡沫消除后，滴加水至刻度线摇匀。

吸取试液 25.00mL 置于 250mL 锥形瓶中，分别加去离子水 20.0mL，三乙醇胺 5.0mL，摇匀。再加 NH_4Cl-$NH_3 \cdot H_2O$ 缓冲液 10.0mL，摇匀。加入少量铬黑 T 指示剂，用 EDTA 标准溶液滴定至溶液由酒红色恰好变为纯蓝色且 30s 内颜色不褪去，即达终点，根据 EDTA 消耗的体积计算 Ca^{2+} 和 Mg^{2+} 总量，以 CaO 的含量表示。

【问题与讨论】

1. 如何确定蛋壳粉末的称量范围？（提示：先粗略确定蛋壳粉中钙、镁含量，再估计蛋壳粉的称量范围）

2. 蛋壳粉溶解稀释时为何加 95％乙醇可以消除泡沫？

3. 试列出求钙镁总量的计算式（以 CaO 含量表示）。

方法 II　酸碱滴定法测定鸡蛋壳中 CaO 的含量

【实验目的】

1. 学习用酸碱滴定方法测定 $CaCO_3$ 的原理及指示剂选择。

2. 巩固滴定分析基本操作。

【实验原理】

蛋壳中的碳酸盐能与 HCl 发生反应

$$CaCO_3 + 2H^+ \longrightarrow Ca^{2+} + CO_2 \uparrow + H_2O$$

过量的酸可用标准 NaOH 回滴，根据实际与 $CaCO_3$ 反应的标准盐酸体积求得蛋壳中 CaO 含量，以 CaO 的质量分数表示。

【仪器与试剂】

仪器：烧杯，试剂瓶，量筒，锥形瓶，电子天平，酸式滴定管，酒精灯。

试剂：浓 HCl（AR），NaOH（s，AR），0.1％甲基橙。

【实验步骤】

1. $0.5mol \cdot L^{-1}$ NaOH 配制

称 10.0g NaOH 固体于小烧杯中，加蒸馏水溶解后移至试剂瓶中用蒸馏水稀释至 500mL，加橡皮塞，摇匀。

2. $0.5mol \cdot L^{-1}$ HCl 配制

用量筒量取浓盐酸 21.0mL 于 500mL 容量瓶中，用蒸馏水稀释至 500mL，加盖，摇匀。

3. 酸碱标定

准确称取基准 Na_2CO_3 0.55～0.65g 3 份于锥形瓶中，分别加入 50.0mL 煮沸去 CO_2 并冷却的去离子水，摇匀，温热使溶解，后加入 1～2 滴甲基橙指示剂，用以上配制的 HCl 溶液滴定至橙色为终点。计算 HCl 溶液的精确浓度。再用该 HCl 标准溶液标定 NaOH 溶液的浓度。

4. CaO 含量测定

准确称取经预处理的蛋壳 0.3g（精确到 0.1mg）左右于 3 个锥形瓶内，用酸式滴定管逐滴加入已标定好的 HCl 标准溶液 40mL 左右（需精确读数），小火加热溶解，冷却，加甲基橙指示剂 1～2 滴，以 NaOH 标准溶液回滴至橙黄色。

【数据处理】

按滴定分析记录格式作表格，记录数据，按下式计算 w_{CaO}（质量分数）。

$$w_{CaO} = \frac{(c_{HCl}V_{HCl} - c_{NaOH}V_{NaOH}) \times \dfrac{56.08}{2}}{m_{样品}} \times 100\%$$

式中　$m_{样品}$——蛋壳质量。

【问题与讨论】

1. 蛋壳称样量多少是依据什么估算的？

2. 蛋壳溶解时应注意什么？

3. 为什么说 w_{CaO} 是表示 Ca 与 Mg 的总量？

【注意事项】

1. 蛋壳中钙主要以 $CaCO_3$ 形式存在，同时也有 $MgCO_3$，因此以 CaO 含量表示 Ca、Mg 总量。

2. 由于酸较稀，溶解时需加热一定时间，试样中有不溶物，如蛋白质之类，但不影响测定。

实验 33　阳离子混合液和阴离子混合液的分离鉴定

【实验目的】

1. 掌握待测阳离子混合液分离与鉴定条件，并能进行分离和鉴定。
2. 掌握阴离子混合液的分离与鉴定条件，并能进行分离和鉴定。
3. 熟悉水浴加热、离心分离和沉淀的洗涤等基本操作技术。

【实验原理】

在实际生产过程中，无机定性分析的试样通常是多种离子的混合液。若它们之间存在干扰，要准确地鉴定它们就必须分离或掩蔽后进行鉴定。消除干扰可采用沉淀分离、配位掩蔽、氧化还原掩蔽以及萃取等手段，如用 KSCN 鉴定 Co^{2+} 时，Fe^{3+} 有干扰，可用酒石酸或 F^- 配位掩蔽 Fe^{3+}，也可用 Zn 或 $SnCl_2$ 还原掩蔽 Fe^{3+}，或在溶液中加入丙酮或乙醇萃取 $[Co(SCN)]_4^{2-}$ 在有机相中进行观察，消除 Fe^{3+} 对 Co^{2+} 鉴定反应的干扰。在这些方法中应用较多的是对阳离子用组试剂沉淀后离心分离，然后再将各组离子进行分离和鉴定。这种方法称为系统分析法。如硫化氢系统分析法，"两酸两碱"系统分析法等。

阴离子主要是由非金属元素或金属元素组成的简单离子和复杂离子，如 X^-、S^{2-}、SO_4^{2-}、ClO_3^-、$[Al(OH)_4]^-$、$[Fe(CN)_6]^{3-}$ 等。大多数阴离子在鉴定中彼此干扰较少，实际上可能共存的阴离子不多，且许多阴离子有特效反应，故常采用分别分析法。只有当先行推测或检出某些离子有干扰时才适当进行掩蔽或分离。由于同种元素可以组成多种阴离子，如硫元素有 S^{2-}、SO_3^{2-}、$S_2O_3^{2-}$、SO_4^{2-} 等，存在形式不同、性质各异，所以分析结果要求知道元素及其存在形式。

在进行混合阴离子的分析时，一般是利用阴离子的分析特性。①与酸反应放出气体，如阴离子 CO_3^{2-}、SO_3^{2-}、$S_2O_3^{2-}$、S^{2-} 和 NO_2^- 等。②水溶性，除碱金属盐和 NO_3^-、ClO_3^-、ClO_4^-、Ac^- 等阴离子形成的盐易溶解外，其余的盐类大多数是难溶的。常通过它们与 $AgNO_3$ 和 $BaCl_2$ 的反应所生成的钡盐和银盐的性质的差别来判断。③氧化还原性，除 Ac^-、CO_3^{2-}、SO_4^{2-} 和 PO_4^{3-} 外，绝大多数阴离子具不同程度的氧化还原性，如强还原性阴离子 S^{2-}、SO_3^{2-}、$S_2O_3^{2-}$，弱还原性阴离子 Cl^-、Br^-，中等还原性阴离子 I^-，在酸性介质中具有氧化性的 NO_3^-。根据它们所具有的这些特性，进行初步实验，确定离子存在的可能范围，然后进行个别离子的鉴定。

【仪器与试剂】

仪器：试管，离心试管，离心机。

试剂：S^{2-}、$S_2O_3^{2-}$、SO_3^{2-} 混合液，Fe^{3+}、Mn^{2+}、Al^{3+}、Zn^{2+} 混合液，其它药品自选。

【实验步骤】

1. 设计分离鉴定 S^{2-}、$S_2O_3^{2-}$、SO_3^{2-} 的方案，并进行实验。

提示：

① 在强碱性溶液中，鉴定 S^{2-} 用亚硝酰铁氰化钠，溶液显特殊紫红色确证有 S^{2-}。

② 利用 $PbCO_3$ （$K_{sp}=7.4\times10^{-14}$）或 $CdCO_3$ 溶解度（$K_{sp}=5.2\times10^{-12}$）远大于 PbS（$K_{sp}=8.0\times10^{-29}$）或 CdS（$K_{sp}=8.0\times10^{-27}$），故可用 $PbCO_3$ 或 $CdCO_3$ 分离 S^{2-}，同时形成黄色 CdS 或黑色 PbS 沉淀，确证有 S^{2-}。

③ 利用 $SrSO_3$ 与 SrS_2O_3 溶解度的差异（$SrSO_3$ 微溶，而 SrS_2O_3 可溶于水），可用 $SrCl_2$ 或 $Sr(NO_3)_2$ 来分离它们。

2. 设计分离鉴定 Fe^{3+}、Mn^{2+}、Al^{3+}、Zn^{2+} 的方案，并进行实验。

提示：

① Fe^{3+}、Mn^{2+} 可分别鉴定。

② Fe^{3+}、Mn^{2+}、Al^{3+}、Zn^{2+} 的分离。取 0.5～1mL 试液，加入 2 滴 $3.0mol\cdot L^{-1}$ NH_4Cl，加 $6.0mol\cdot L^{-1}$ 氨水至生成沉淀后，再多加 3 滴，搅拌，加热。冷却后离心分离，用 $0.3mol\cdot L^{-1}$ NH_4Cl 溶液洗涤沉淀 1～2 次，洗涤液与离心液合并，离心液用于鉴定 Zn^{2+}。

③ Fe^{3+}、Mn^{2+} 与 Al^{3+} 的分离。在步骤②的沉淀中，加 3 滴蒸馏水、6 滴 $6.0mol\cdot L^{-1}$ $NaOH$ 溶液，搅动，加热，离心分离。沉淀不再鉴定。离心液用于 Al^{3+} 的鉴定。

④ Zn^{2+} 和 Mn^{2+} 的分离。在步骤②的离心液中，加入 5 滴 $6.0mol\cdot L^{-1}$ $NaOH$ 溶液后，加 6 滴蒸馏水、2 滴 3% H_2O_2，混合均匀，水浴加热，分解剩余的 H_2O_2。如有沉淀生成，离心分离，弃去沉淀。离心液用于鉴定 Zn^{2+}。

【问题与讨论】

1. 在上述阴离子混合液的鉴定中，为何不用 HNO_3？

2. 在上述阳离子混合液②的分离步骤中，为何不能只用氨水？

实验 34 TiO₂ 纳米材料的制备与表征

【实验目的】

1. 了解 TiO_2 纳米材料制备的方法。
2. 掌握用溶胶-凝胶法制备 TiO_2 纳米材料的原理和过程。
3. 掌握表征纳米材料的标准手段和分析方法。

【实验原理】

胶体是一种分散相粒径很小的分散体系，分散相粒子的重力可以忽略，粒子之间的相互作用主要是短程作用力。溶胶（sol）是具有液体特征的胶体体系，分散的粒子是固体或者大分子，分散的粒子粒径大小在 1~100nm 之间。凝胶（gel）是具有固体特征的胶体体系，被分散的物质形成连续的网状骨架，骨架空隙中充有液体或气体，凝胶中分散相的含量很低，一般在 1%~3% 之间。溶胶与凝胶的最大不同在于：溶胶具有良好的流动性，其中的胶体质点是独立的运动单位，可以自由行动；凝胶的胶体质点相互联结，在整个体系内形成网络结构，液体包在其中，凝胶流动性较差。

溶胶-凝胶法（sol-gel）是化学合成方法之一，是 20 世纪 60 年代中期发展起来的制备玻璃、陶瓷和许多固体材料的一种工艺。即将金属醇盐或无机盐经水解直接形成溶胶或经解凝形成溶胶，然后使溶质聚合凝胶化，再将凝胶干燥、焙烧去除有机成分，最后得到无机材料。主要用来制备薄膜和粉体材料。

溶胶-凝胶法制备 TiO_2 通常以钛醇盐 $Ti(OR)_4$ 为原料，合成工艺（图 6-3）为将钛醇盐溶于溶剂中形成均相溶液，逐滴加入水后，钛醇盐发生水解反应，同时发生失水和失醇缩聚反应，生成 1nm 左右粒子并形成溶胶，经陈化，溶胶形成三维网络而成凝胶，凝胶在恒温箱中加热以去除残余水分和有机溶剂，得到干凝胶，经研磨后煅烧，除去吸附的羟基和烷基团以及物理吸附的有机溶剂和水，得到纳米 TiO_2 粉体。

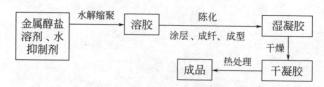

图 6-3 sol-gel 法工艺流程图

本实验采用钛酸正丁酯作为合成纳米二氧化钛的原料，由于钛酸正丁酯水解速率相当快，因此控制其水解速率成为钛酸酯溶胶凝胶过程是一个至关重要的环节。通常需要对钛酸酯进行化学修饰，引入对水解相对稳定的功能性基团，有效控制金属烷氧化合物的水解，本实验中采用乙酰丙酮。

【仪器与试剂】

仪器：常用常压化学合成仪器一套，电磁搅拌器，烘箱，马弗炉，扫描电镜，XRD。

试剂：钛酸正丁酯，无水乙醇，乙酰丙酮，硝酸。

【实验步骤】

溶胶-凝胶法以钛醇盐 $Ti(OR)_4$ 为原料，合成工艺如下。

1. 水浴加热集热式恒温磁力搅拌器至 65℃ 左右，安装三口烧瓶装置、温度计和滴液漏斗，量取 60mL 的无水乙醇置于三口烧瓶中。

2. 将 30.0mL 的钛酸四丁酯[$Ti(OC_4H_9)_4$]装入滴液漏斗，自滴液漏斗缓慢滴加钛酸四丁酯[$Ti(OC_4H_9)_4$]至装有无水乙醇三口烧瓶中，保持反应温度为 65℃ 左右，约 0.5h 滴加完毕。

3. 滴加完毕后，将 3.0mL 乙酰丙酮装入滴液漏斗，自滴液漏斗缓慢滴加乙酰丙酮至三口烧瓶中，滴加完毕，再搅拌 0.5h。

4. 将 1.1mL 硝酸、9.0mL 去离子水、32.0mL 无水乙醇预先混合，装入滴液漏斗，再缓慢加入到三口烧瓶中，0.5h 滴加完毕，再搅拌 3h，得到二氧化钛溶胶，陈化 12h。

5. 制备的二氧化钛溶胶置于 60℃ 的真空干燥箱中干燥 24h，得到二氧化钛凝胶。

6. 将制备的凝胶置于坩埚中，按照一定的升温曲线，600℃ 烧成并保温 2h，得到二氧化钛粉末。

7. 表征：用扫描电镜和 XRD 分析确定不同煅烧温度和时间对粉末晶体结构的影响。

【注意事项】

该实验分组进行，最后将所有结果汇总并比较。

实验 35　植物中某些元素含量的测定

【实验目的】

了解从周围植物中分离和鉴定化学元素的方法。

【实验原理】

植物有机体主要由 C、H、O、N 等元素组成，此外还有 Ca、Mg、Al、Fe 四种金属元素和 P、I 两种非金属元素。

PO_4^{3-} 的鉴定不受其它几种金属离子的干扰，可直接用钼酸铵法鉴定。

Ca^{2+}、Mg^{2+}、Al^{3+}、Fe^{3+} 可通过控制溶液的 pH 进行分离鉴定，下面分别列出相应的氢氧化物完全沉淀时 pH 的范围：>13.0、>11.0、>4.7、>3.2。注意在 pH>7.8 时，两性氢氧化物 $Al(OH)_3$ 开始溶解。

Ca^{2+} 的鉴定可用草酸铵法：$Ca^{2+} + C_2O_4^{2-} \longrightarrow CaC_2O_4 \downarrow$（白色）

Mg^{2+} 的鉴定可在强碱性条件下加镁试剂生成蓝色沉淀来鉴定。

Al^{3+} 的鉴定可在微碱性条件下加铝试剂（金黄色素三羧酸铵）生成红色沉淀的方法来鉴定。

Fe^{3+} 可与 KSCN 或 NH_4SCN 生成血红色配合物。Fe^{3+} 还可与黄血盐生成蓝色沉淀。

【仪器与试剂】

仪器：蒸发皿，酒精灯，研钵，烧杯，漏斗，铁架台，玻璃棒。

试剂：HCl（$2.0mol \cdot L^{-1}$），HNO_3（浓），HAc（$1.0mol \cdot L^{-1}$），NaOH（$2.0mol \cdot L^{-1}$），广泛 pH 试纸及鉴定 Ca^{2+}、Mg^{2+}、Al^{3+}、Fe^{3+}、PO_4^{3-} 所用的试剂，松枝，茶叶，海带。

【实验步骤】

1. 从松技、柏技、茶叶等植物中任选一种鉴定 Ca、Mg、Fe 和 Al

取约 5.0g 已洗净且干燥的植物枝叶（青叶用量适当增加），放在蒸发皿中，在通风橱内用酒精灯加热灰化，然后用研钵将植物灰研细。取一勺灰粉（约 0.5g）于 10.0mL（2mol·L^{-1}）盐酸中，加热并搅拌促使溶解，过滤。

自拟方案鉴定滤液中 Ca^{2+}、Mg^{2+}、Al^{3+}、Fe^{3+}。

2. 从松枝、柏枝、茶叶等植物中任选一种鉴定磷

同上方法制得植物灰粉，取一勺于 $2.0mol \cdot L^{-1}$ 浓 HNO_3 中溶解，然后加水 30.0mL 稀释，过滤。

自拟方案鉴定滤液中的 PO_4^{3-}。

3. 海带中碘的鉴定

将海带用上述的方法灰化，并搅拌促使溶解，过滤。

自拟方案鉴定滤液中的 I^-。

【问题与讨论】

1. 植物中还可能含有哪些元素？如何鉴定？

2. 为了鉴定 Mg^{2+}，某学生进行如下实验：植物灰用较浓的 HCl 浸涪后，过滤。滤液用 $NH_3 \cdot H_2O$ 中和至 pH＝7，过滤。在所得的滤液中加几滴 NaOH 溶液和镁试剂，发现得不到蓝色沉淀。试解释实验失败的原因。

【注意事项】

1. 以上各离子的鉴定方法可参考本书相关章节，注意鉴定的条件及干扰离子。

2. 由于在植物中以上欲鉴定元素的含量一般都不高，所得滤液中这些离子浓度往往较低，鉴定时取量不宜太少，一般可取 1mL 左右进行鉴定。

3. Fe^{3+} 对 Mg^{2+}、Al^{3+} 鉴定均有干扰，鉴定前应加以分离。可采用控制 pH 方法先将 Ca^{2+}、Mg^{2+} 与 Al^{3+}、Fe^{3+} 分离，然后再将 Al^{3+}、Fe^{3+} 分离。

实验 36　二草酸合铜(Ⅱ)酸钾的制备与组成分析

【实验目的】

1. 进一步掌握溶解、沉淀、吸滤、蒸发、浓缩等基本操作。

2. 制备二草酸合铜(Ⅱ)酸钾晶体。

3. 确定二草酸合铜(Ⅱ)酸钾的组成。

【实验原理】

二草酸合铜(Ⅱ)酸钾的制备方法很多,可以由硫酸铜与草酸钾直接混合来制备,也可以由氢氧化铜或氧化铜与草酸氢钾反应制备。本实验由氧化铜与草酸氢钾反应制备二草酸合铜(Ⅱ)酸钾。$CuSO_4$ 在碱性条件下生成 $Cu(OH)_2$ 沉淀,加热沉淀则转化为易过滤的 CuO。一定量的 $H_2C_2O_4$ 溶于水后加入 K_2CO_3 得到 KHC_2O_4 和 $K_2C_2O_4$ 混合溶液,该混合溶液与 CuO 作用生成二草酸合铜(Ⅱ)酸钾 $K_2[Cu(C_2O_4)_2]$,经水浴蒸发、浓缩,冷却后得到蓝色 $K_2[Cu(C_2O_4)_2] \cdot 2H_2O$ 晶体。涉及的反应有

$$CuSO_4 + 2NaOH \xlongequal{\quad} Cu(OH)_2 + Na_2SO_4$$

$$Cu(OH)_2 \xlongequal{\quad} CuO + H_2O$$

$$2H_2C_2O_4 + K_2CO_3 \xlongequal{\quad} 2KHC_2O_4 + CO_2 + H_2O$$

$$2KHC_2O_4 + CuO \xlongequal{\quad} K_2[Cu(C_2O_4)_2] + H_2O$$

称取一定量试样在氨水中溶解、定容。取一份试样用 H_2SO_4 中和,并在硫酸溶液中用 $KMnO_4$ 滴定试样中的 $C_2O_4^{2-}$。另取一份试样在 HCl 溶液中加入 PAR 指示剂,在 pH6.5~7.5 的条件下,加热近沸,并趁热用 EDTA 溶液滴定至绿色为终点,以测定晶体中的 Cu^{2+}。涉及的反应:

$$5C_2O_4^{2-} + 2MnO_4^- + 16H^+ \longrightarrow 2Mn^{2+} + 10CO_2 \uparrow + 8H_2O$$

通过消耗的 $KMnO_4$ 和 EDTA 的体积及其浓度计算 $C_2O_4^{2-}$ 及 Cu^{2+} 的含量。并确定 $C_2O_4^{2-}$ 及 Cu^{2+} 组分比(推算出产物的实验式)。

草酸合铜(Ⅱ)酸钾在水中的溶解度很小,但可加入适量的氨水,使 Cu^{2+} 形成铜氨离子而溶解。溶解时 pH 约为 10,溶剂亦可采用 $2mol \cdot L^{-1} NH_4Cl$ 和 $1mol \cdot L^{-1}$ 氨水等体积混合组成的缓冲溶液。

PAR 指示剂属于吡啶基偶氮化合物,即 4-(2-吡啶基偶氮) 间苯二酚。结构式为:

由于它在结构上比 PAN 多些亲水基团,使染料及其螯合物水溶性强。在 pH5~7 对 Cu^{2+} 的滴定有更明显的终点。

指示剂本身在滴定条件下显黄色,而 Cu^{2+} 与 EDTA 显蓝色,终点为黄绿色。

除 Cu^{2+} 外,PAR 在不同 pH 条件下能做下列元素的指示剂,即铋、铝、锌、镉、铜、铒、钍、铊等,终点由红变黄。

【仪器与试剂】

仪器：台秤，天平，烧杯，量筒，吸滤装置，容量瓶，蒸发皿，移液管，酸式滴定管，锥形瓶。

试剂：NaOH（2mol·L^{-1}），HCl（2mol·L^{-1}），H$_2$SO$_4$（3mol·L^{-1}），氨水（1∶1），H$_2$O$_2$（30%），KMnO$_4$标准溶液，EDTA标准溶液，PAR指示剂，CuSO$_4$·5H$_2$O固体，H$_2$C$_2$O$_4$·2H$_2$O固体，K$_2$CO$_3$固体，金属铜（基准物）。

【实验步骤】

1. 合成二草酸合铜（Ⅱ）酸钾

（1）制备氧化铜

称取 2.0g CuSO$_4$·5H$_2$O 于 100mL 烧杯中，加入 40mL 水溶解，在搅拌下加入 10mL 2mol·L^{-1}NaOH 溶液，小火加热至沉淀变黑（生成 CuO），再煮沸约 20min。稍冷后以双层滤纸吸滤，用少量去离子水洗涤沉淀 2 次。

（2）制备草酸氢钾

称取 3.0g H$_2$C$_2$O$_4$·2H$_2$O 放入 250mL 烧杯中，加入 40mL 去离子水，微热溶解（温度不能超过 85℃，以避免 H$_2$C$_2$O$_4$ 分解）。稍冷后分数次加入 2.2g 无水 K$_2$CO$_3$，溶解后生成 KHC$_2$O$_4$ 和 K$_2$C$_2$O$_4$ 混合溶液。

（3）制备二草酸合铜（Ⅱ）酸钾

将含 KHC$_2$O$_4$ 和 K$_2$C$_2$O$_4$ 的混合溶液水浴加热，再将 CuO 连同滤纸一起加入到该溶液中。水浴加热，充分反应至沉淀大部分溶解（约 30min）。趁热吸滤（若透滤应重新吸滤），用少量沸水洗涤 2 次，将滤液转入蒸发皿中。水浴加热将滤液浓缩到约原体积的 1/2。放置约 10min 后用水彻底冷却。待大量晶体析出后吸滤，晶体用滤纸吸干，称重。

产品保存，用于组成分析。

2. 产物的组成分析

（1）试样溶液的制备

准确称取合成的晶体试样一份（0.95～1.05g，准确到 0.0001g）置于 100mL 小烧杯中，加入 5mL NH$_3$·H$_2$O 使其溶解，再加入 10mL 水，试样完全溶解后，转移至 250mL 容量瓶中，加水至刻度。

（2）C$_2$O$_4^{2-}$ 含量的测定

取试样溶液 25mL，置于 250mL 锥形瓶中，加入 10mL 3mol·L^{-1}的 H$_2$SO$_4$ 溶液，水浴加热至 75～85℃，在水浴中放置 3～4min。趁热用 0.01mol·L^{-1}的 KMnO$_4$ 溶液滴定至淡粉色，30s 不褪色为终点，记下消耗 KMnO$_4$ 溶液的体积。平行滴定 3 次。

（3）Cu^{2+} 含量的测定

另取试样溶液 25mL，加入 2mol·L^{-1} HCl 溶液 1mL，加入 4 滴 PAR 指示剂，加入 pH=7 的缓冲溶液 10mL，加热至近沸。趁热用 0.02mol·L^{-1}的 EDTA 标准溶液滴定至黄绿色，30s 不褪色为终点，记下消耗 EDTA 溶液的体积。平行滴定 3 次。

【数据处理】

1. 产量和产率

实验所得产品的产量及计算出的产率列入表 6-4 中。

表 6-4　所得产品 $K_2[Cu(C_2O_4)_2]\cdot 2H_2O$ 的产量及产率

产品质量/g	
理论产量/g	
产率	

2. 计算合成产物的组成（表 6-5）

试样中 $C_2O_4^{2-}$ 的质量分数：

$$w(C_2O_4^{2-})=\frac{c(KMnO_4)\times V(KMnO_4)\times 88.02\times 250\times 5}{m_{样}\times 1000\times 25.00\times 2}\times 100\%$$

试样中 Cu^{2+} 的质量分数：

$$w(Cu^{2+})=\frac{c(EDTA)\times V(EDTA)\times 63.55\times 250}{m_{样}\times 1000\times 25.00}\times 100\%$$

进一步计算 Cu^{2+} 和 $C_2O_4^{2-}$ 物质的量之比，确定合成产物的组成。

$$物质的量比=\frac{w(C_2O_4^{2-})/88.02}{w(Cu^{2+})/63.55}$$

表 6-5　$KMnO_4$，EDTA 浓度、体积及产物组成

	1	2	3	平均值	理论值	产物组成
$V(KMnO_4)$/mL						
$V(EDTA)$/mL						
试样中 $C_2O_4^{2-}$ 的质量分数/%						
试样中 Cu^{2+} 的质量分数/%						

【问题与讨论】

1. 请设计由硫酸铜合成二草酸合铜（Ⅱ）酸钾的其它方案？

2. 实验中为什么不采用氢氧化钾与草酸反应生成草酸氢钾？

3. $C_2O_4^{2-}$ 和 Cu^{2+} 分别测定的原理是什么？除本实验的方法外，还可以采用什么分析方法？

4. 以 PAR 为指示剂滴定终点前后的颜色是怎么变化的？

5. 试样分析过程中，pH 过大或过小对分析有何影响？

实验 37　过氧碳酸钠的制备与产品分析

【实验目的】

1. 掌握过氧碳酸钠的物理及化学性质。

2. 了解过氧碳酸钠的应用。

3. 掌握常见无机盐的制备和分析方法，通过设计实验方案获得最佳的工艺条件参数。

【实验原理】

过氧碳酸钠是一种具有多用途的新型氧系漂白剂，具有漂白、杀菌、洗涤、水溶性好等特点，对环境无危害。现已广泛应用于纺织、洗涤剂、医药和饮食行业，同时它也是一种优良的纸浆漂白剂，可替代含氯漂白剂，生产白度高、白度稳定性好的纸浆。

（1）物理性质

过氧碳酸钠是碳酸钠与过氧化氢以氢键结合在一起的结晶化合物，其常见分子晶型有两种：1.5 型（$Na_2CO_3 \cdot 1.5H_2O_2$）和 2，3 型（$2Na_2CO_3 \cdot 3H_2O_2$）。目前所使用的产品大部分为 2，3 型过氧碳酸钠产品，分子量为 314。过氧碳酸钠为白色结晶粉末状或颗粒状固体，由于碳酸钠与过氧化氢以氢键连接，其在水中有很好的溶解度，并随温度的升高而上升。表 6-6 为过氧碳酸钠在几种不同温度下的溶解度。过氧碳酸钠中理论活性氧含量为 15.3%，相当于 32.5% 的过氧化氢，但一般市售的产品其活性含量要少两个百分点左右。

表 6-6　过氧碳酸钠在不同温度下的溶解度

温度/℃	12.0	12.3	14.0	16.2	18.5
溶解度/(g/100g 水)	5	10	20	30	40

（2）化学性质

过氧碳酸钠不稳定，遇水、重金属离子等易分解，其化学反应式如下：

$$2Na_2CO_3 \cdot 3H_2O_2 =\!=\!= 2Na_2CO_3 + 3H_2O_2$$

$$H_2O_2 \longrightarrow H_2O + \frac{1}{2}O_2$$

固体过氧碳酸钠随温度升高，其活性氧含量损失加大，例如在室温条件下贮存一个月，其活性氧损失大约为 0.5%，而在 40℃ 贮存一个月，其活性氧含量损失为 3%。

（3）漂白机理

过氧碳酸钠具有较高的活性氧含量，在冷水中也有很好的溶解性能，过氧碳酸钠在水中分解，产生 H_2O_2 和 Na_2CO_3，故其水溶液的性质与相应组成的双氧水和碳酸钠的水溶液的性质相同。在碱性溶液中过氧化氢发生以下化学反应，反应式如下：

$$H_2O_2 \longrightarrow H^+ + HOO^-$$

$$2HOO^- \longrightarrow O_2 \uparrow + 2OH^-$$

由以上两式可知，生成的过羟基离子 HOO^- 具有漂白作用，但同时过羟基离子易受重金属离子的影响而加速分解，减少了过氧化氢的有效漂白。在碱性介质中有利于过羟基离子的形成，且 pH 值对漂白作用影响很大，通常认为 pH 过高过低都不利于低浆漂白，pH 在 10～11 较适宜。碳酸钠在水中呈碱性，故过氧碳酸钠溶液在 1‰～3‰ 浓度时其 pH 值在 10.5～11，这有利于纸浆的漂白。

此外，过氧碳酸钠在中性和酸性条件下遇到更强的氧化剂（如高锰酸钾），又能表现出还原性。

【仪器与试剂】

仪器：恒温磁力搅拌器，单相自吸泵，PCT-1A 型差热仪，大、小镊子各一个，铝钳锅 2 个。

试剂：Na_2CO_3（A. R.）；双氧水（30%），H_2O_2 稳定剂 Na_2SiO_3：$MgCl_2$＝3：1（物质的量之比），Al_2O_3（A. R.）。

【实验步骤】

在装有搅拌器、温度计的三口烧瓶中，加入一定量的 30% 过氧化氢溶液和 0.5g 复合稳定剂，在冰浴条件下搅拌至稳定剂完全溶解，然后在 30min 内分批加入无水碳酸钠 10.0g 或以一定的速度加入 50mL 饱和碳酸钠溶液，继续控温搅拌一定时间，静置结晶 30min 后进行真空抽滤，滤液可循环使用，用无水乙醇洗涤 2～3 次，再真空抽滤，将抽滤所得的产品真空干燥 2h 即得过氧碳酸钠产品。

【实验产品分析】

1. 稳定性测试

测定过氧碳酸钠的热重、差热谱图，并根据所得到的差热谱图分析样品在加热过程中所发生的化学变化。

2. 含氧量分析

高锰酸钾滴定法测定过氧碳酸钠中活性氧含量。

3. 碳酸钠含量分析

酸碱滴定法测定过氧碳酸钠中的碳酸钠含量

【思考题】

1. 稳定剂既可以提高过氧化氢的利用率，又可以防止产品的分解。查阅相关文献，还有哪些物质可以作为过氧碳酸钠合成的稳定剂？

2. 过氧碳酸钠生产过程中影响成本的重要因素是过氧化氢的利用率，原料配比是影响过氧化氢利用率的重要方面，提高原料中碳酸钠的添加量是否有利于提高双氧水的利用率？

3. 结合碳酸钠、过氧碳酸钠的溶解度关系，分析反应条件中最佳的反应温度和水量应该是多少？

4. 双氧水的加入速度对反应的收率和纯度有无影响？

5. 过氧碳酸钠的存储和使用过程中有哪些注意事项？

附 录

附录 1 298.15K 时各种酸的酸常数

化 学 式	K_a	pK_a	化 学 式	K_a	pK_a
无机酸			无机酸		
H_3AsO_4	5.50×10^{-3}	2.26	HSO_4^-	1.02×10^{-2}	1.99
$H_2AsO_4^-$	1.73×10^{-7}	6.76	H_2SO_3	1.41×10^{-2}	1.85
$HAsO_4^{2-}$	5.13×10^{-12}	11.29	HSO_3^-	6.31×10^{-8}	7.20
H_2BO_3	5.75×10^{-10}	9.24	$H_2S_2O_3$	2.50×10^{-1}	0.60
H_2CO_3	4.46×10^{-7}	6.35	$HS_2O_3^-$	1.90×10^{-2}	1.72
HCO_3^-	4.68×10^{-11}	10.33	两性氢氧化物		
$HClO_3$	5×10^2		$Al(OH)_3$	4×10^{-13}	12.40
$HClO_2$	1.15×10^{-2}	1.94	$SbO(OH)_2$	1×10^{-11}	11.00
H_2CrO_4	1.82×10^{-1}	0.74	$Cr(OH)_2$	9×10^{-17}	16.05
$HCrO_4^-$	3.2×10^{-7}	6.49	$Cu(OH)_2$	1×10^{-19}	19.00
HF	6.31×10^{-4}	3.20	$HCuO_2^-$	7.0×10^{-14}	13.15
H_2O_2	2.40×10^{-12}	11.62	$Pb(OH)_2$	4.6×10^{-16}	15.34
HI	3×10^{-9}	8.52	$Sn(OH)_4$	1×10^{-32}	32.00
H_2S	8.90×10^{-8}	7.05	$Sn(OH)_2$	3.8×10^{-15}	14.42
HS^-	1.20×10^{-13}	12.92	$Zn(OH)_2$	1.0×10^{-29}	29.00
$HBrO$	2.82×10^{-9}	8.55	金属离子		
$HClO$	3.98×10^{-8}	7.4	Al^{3+}	1.4×10^{-5}	4.85
HIO	2.29×10^{-11}	10.64	NH_4^+	5.60×10^{-10}	9.25
$H_2C_2O_4$	5.90×10^{-2}	1.25	Cu^{2+}	1×10^{-8}	8.00
$HC_2O_4^-$	6.46×10^{-5}	4.19	Fe^{3+}	4.0×10^{-3}	2.40
HNO_2	5.62×10^{-4}	3.25	Fe^{2+}	1.2×10^{-6}	5.92
$HClO_4$	3.5×10^2		Mg^{2+}	2×10^{-12}	11.70
HIO_4	5.6×10^3		Hg^{2+}	2×10^{-3}	2.70
$HMnO_4$	2.0×10^2		Zn^{2+}	2.5×10^{-10}	9.60
H_3PO_4	7.5×10^{-3}	2.12	有机酸		
$H_2PO_4^-$	6.23×10^{-8}	7.21	CH_3COOH	1.75×10^{-5}	4.76
HPO_4^{2-}	2.20×10^{-12}	11.67	C_6H_5COOH	6.2×10^{-5}	4.21
H_2SiO_3	1.70×10^{-10}	9.77	$HCOOH$	1.772×10^{-4}	3.77
$HSiO_3^-$	1.52×10^{-12}	11.8	HCN	6.16×10^{-10}	9.21

附录 2 298.15 K 时各种碱的碱常数

化 学 式	K_b	pK_b	化 学 式	K_b	pK_b
CH_3COO^-	5.71×10^{-10}	9.24	NO_3^-	5×10^{-17}	16.30
NH_3	1.8×10^{-4}	3.90	NO_2^-	1.92×10^{-11}	10.71
$C_6H_5NH_2$	4.17×10^{-10}	9.38	$C_2O_4^{2-}$	1.6×10^{-10}	9.80
AsO_4^{3-}	3.3×10^{-12}	11.48	$HC_2O_4^-$	1.79×10^{-13}	12.75
$HAsO_4^{2-}$	9.1×10^{-8}	7.04	MnO_4^-	5.0×10^{-17}	16.30
$H_2AsO_4^-$	1.5×10^{-12}	11.82	PO_4^{3-}	4.55×10^{-2}	1.34
$H_2BO_3^-$	1.6×10^{-5}	4.80	HPO_4^{2-}	1.61×10^{-7}	6.79

化 学 式	K_b	pK_b	化 学 式	K_b	pK_b
Br^-	1×10^{-23}	23.0	$H_2PO_4^-$	1.33×10^{-12}	11.88
CO_3^{2-}	1.78×10^{-4}	3.75	SiO_3^{2-}	6.76×10^{-3}	2.17
HCO_3^-	2.33×10^{-8}	7.63	$HSiO_3^-$	3.1×10^{-5}	4.51
Cl^-	3.02×10^{-23}	22.52	SO_4^{2-}	1.0×10^{-12}	12.00
CN^-	2.03×10^{-5}	4.69	SO_3^{2-}	2.0×10^{-7}	6.70
$(C_2H_5)_2NH$	8.51×10^{-4}	3.07	HSO_3^-	6.92×10^{-13}	12.16
$(CH_3)_2NH$	5.9×10^{-4}	3.23	S^{2-}	8.33×10^{-2}	1.08
$C_2H_5NH_2$	4.3×10^{-4}	3.37	HS^-	1.12×10^{-7}	6.95
F^-	2.83×10^{-11}	10.55	SCN^-	7.09×10^{-14}	13.15
$HCOO^-$	5.64×10^{-11}	10.25	$S_2O_3^{2-}$	4.00×10^{-14}	13.40
I^-	3×10^{-24}	23.52	$(C_2H_5)_3N$	5.2×10^{-4}	3.28
CH_3NH_2	4.2×10^{-4}	3.38	$(CH_3)_3N$	6.3×10^{-5}	4.20

附录3　一些难溶化合物的溶度积 （298.15 K）

化合物	K_{sp}	化合物	K_{sp}	化合物	K_{sp}
$AgAc$	1.94×10^{-3}	$CdCO_3$	1.0×10^{-12}	Li_2CO_3	8.15×10^{-4}
$AgBr$	5.35×10^{-13}	CdF_2	6.44×10^{-3}	$MgCO_3$	6.82×10^{-6}
$AgBrO_3$	5.38×10^{-5}	$Cd(IO_3)_2$	2.5×10^{-8}	MgF_2	5.16×10^{-11}
$AgCN$	5.97×10^{-17}	$Cd(OH)_2$	7.2×10^{-15}	$Mg(OH)_2$	5.61×10^{-12}
$AgCl$	1.77×10^{-10}	CdS	8.0×10^{-27}	$Mg_3(PO_4)_2$	1.04×10^{-24}
AgI	8.52×10^{-17}	$Cd_3(PO_4)_2$	2.53×10^{-33}	$MnCO_3$	2.24×10^{-11}
$AgIO_3$	3.17×10^{-8}	$Co_3(PO_4)_2$	2.05×10^{-35}	$Mn(IO_3)_2$	4.37×10^{-7}
$AgSCN$	1.03×10^{-12}	$CuBr$	6.27×10^{-9}	$Mn(OH)_2$	2.06×10^{-13}
Ag_2CO_3	8.46×10^{-12}	CuC_2O_4	4.43×10^{-10}	MnS	2.5×10^{-13}
$Ag_2C_2O_4$	5.40×10^{-12}	$CuCl$	1.72×10^{-7}	$NiCO_3$	1.42×10^{-7}
Ag_2CrO_4	1.12×10^{-12}	CuI	1.27×10^{-12}	$Ni(IO_3)_2$	4.71×10^{-5}
Ag_2S	6.3×10^{-50}	CuS	6.3×10^{-36}	$Ni(OH)_2$	5.48×10^{-16}
Ag_2SO_3	1.50×10^{-14}	$CuSCN$	1.77×10^{-13}	$\alpha\text{-}NiS$	3.2×10^{-19}
Ag_2SO_4	1.20×10^{-5}	Cu_2S	2.5×10^{-48}	$Ni_3(PO_4)_2$	4.74×10^{-32}
Ag_3AsO_4	1.03×10^{-22}	$Cu_3(PO_4)_2$	1.40×10^{-37}	$PbCO_3$	7.40×10^{-14}
Ag_3PO_4	8.89×10^{-17}	$FeCO_3$	3.13×10^{-11}	$PbCl_2$	1.70×10^{-5}
$Al(OH)_3$	1.1×10^{-33}	FeF_2	2.36×10^{-6}	PbF_2	3.3×10^{-8}
$AlPO_4$	9.84×10^{-21}	$Fe(OH)_2$	4.87×10^{-17}	PbI_2	9.8×10^{-9}
$BaCO_3$	2.58×10^{-9}	$Fe(OH)_3$	2.79×10^{-39}	$PbSO_4$	2.53×10^{-8}
$BaCrO_4$	1.17×10^{-10}	FeS	6.3×10^{-18}	PbS	8.0×10^{-28}
BaF_2	1.84×10^{-7}	HgI_2	2.9×10^{-29}	$Pb(OH)_2$	1.43×10^{-20}
$Ba(IO_3)_2$	4.01×10^{-9}	HgS	4×10^{-53}	$Sn(OH)_2$	5.45×10^{-27}
$BaSO_4$	1.08×10^{-10}	Hg_2Br_2	6.40×10^{-23}	SnS	1.0×10^{-25}
$BiAsO_4$	4.43×10^{-10}	Hg_2CO_3	3.6×10^{-17}	$SrCO_3$	5.60×10^{-10}
CaC_2O_4	2.32×10^{-9}	$Hg_2C_2O_4$	1.75×10^{-13}	SrF_2	4.33×10^{-9}
$CaCO_3$	3.36×10^{-9}	Hg_2Cl_2	1.43×10^{-18}	$Sr(IO_3)_2$	1.14×10^{-7}
CaF_2	3.45×10^{-11}	Hg_2F_2	3.10×10^{-6}	$SrSO_4$	3.44×10^{-7}
$Ca(IO_3)_2$	6.47×10^{-6}	Hg_2I_2	5.2×10^{-29}	$ZnCO_3$	1.46×10^{-10}
$Ca(OH)_2$	5.02×10^{-6}	Hg_2SO_4	6.5×10^{-7}	ZnF_2	3.04×10^{-2}
$CaSO_4$	4.93×10^{-5}	$KClO_4$	1.05×10^{-2}	$Zn(OH)_2$	3×10^{-17}
$Ca_3(PO_4)_2$	2.07×10^{-33}	K_2PtCl_6	7.48×10^{-6}	$\alpha\text{-}ZnS$	1.6×10^{-24}

注：本表资料主要引自 Lide D R. CRC Handbook of Chemistry and Physics, 90th ed, New York: CRC Press, 2010。硫化物的 K_{sp} 引自 Lange's Handbook of Chemistry, 16th ed, 2005: 1331-1342。

附录4　一些还原半反应的标准电极电势 $\varphi^{\ominus}$（298.15K）

半反应	$\varphi^{\ominus}/V$	半反应	$\varphi^{\ominus}/V$
$Sr^{+}+e^{-}\rightleftharpoons Sr$	-4.10	$Sn^{4+}+2e^{-}\rightleftharpoons Sn^{2+}$	0.151
$Li^{+}+e^{-}\rightleftharpoons Li$	-3.0401	$Cu^{2+}+e^{-}\rightleftharpoons Cu^{+}$	0.153
$Ca(OH)_2+2e^{-}\rightleftharpoons Ca+2OH^{-}$	-3.02	$Fe_2O_3+4H^{+}+2e^{-}\rightleftharpoons 2FeOH^{+}+H_2O$	0.16
$K^{+}+e^{-}\longrightarrow K$	-2.931	$SO_4^{2-}+4H^{+}+2e^{-}\rightleftharpoons H_2SO_3+H_2O$	0.172
$Ba^{2+}+2e^{-}\rightleftharpoons Ba$	-2.912	$AgCl+e^{-}\rightleftharpoons Ag+Cl^{-}$	0.22233
$Ca^{2+}+2e^{-}\rightleftharpoons Ca$	-2.868	$As_2O_3+6H^{+}+6e^{-}\rightleftharpoons 2As+3H_2O$	0.234
$Na^{+}+e^{-}\rightleftharpoons Na$	-2.71	$HAsO_2+3H^{+}+3e^{-}\rightleftharpoons As+2H_2O$	0.248
$Mg^{2+}+2e^{-}\rightleftharpoons Mg$	-2.372	$Hg_2Cl_2+2e^{-}\rightleftharpoons 2Hg+2Cl^{-}$	0.26808
$Mg(OH)_2+2e^{-}\rightleftharpoons Mg+2OH^{-}$	-2.690	$Cu^{2+}+2e^{-}\rightleftharpoons Cu$	0.3419
$Al(OH)_3+3e^{-}\rightleftharpoons Al+3OH^{-}$	-2.31	$Ag_2O+H_2O+2e^{-}\rightleftharpoons 2Ag+2OH^{-}$	0.342
$Be^{2+}+2e^{-}\rightleftharpoons Be$	-1.847	$[Fe(CN)_6]^{3-}+e^{-}\rightleftharpoons [Fe(CN)_6]^{4-}$	0.358
$Al^{3+}+3e^{-}\rightleftharpoons Al$	-1.662	$[Ag(NH_3)_2]^{+}+e^{-}\rightleftharpoons Ag+2NH_3$	0.373
$Mn(OH)_2+2e^{-}\rightleftharpoons Mn+2OH^{-}$	-1.56	$O_2+2H_2O+4e^{-}\rightleftharpoons 4OH^{-}$	0.401
$ZnO+H_2O+2e^{-}\rightleftharpoons Zn+2OH^{-}$	-1.260	$H_2SO_3+4H^{+}+4e^{-}\rightleftharpoons S+3H_2O$	0.449
$H_2BO_3^{-}+5H_2O+8e^{-}\rightleftharpoons BH_4^{-}+8OH^{-}$	-1.24	$IO^{-}+H_2O+2e^{-}\rightleftharpoons I^{-}+2OH^{-}$	0.485
$Mn^{2+}+2e^{-}\rightleftharpoons Mn$	-1.185	$Cu^{+}+e^{-}\rightleftharpoons Cu$	0.521
$2SO_3^{2-}+2H_2O+2e^{-}\rightleftharpoons S_2O_4^{2-}+4OH^{-}$	-1.12	$I_2+2e^{-}\rightleftharpoons 2I^{-}$	0.5355
$PO_4^{3-}+2H_2O+2e^{-}\rightleftharpoons HPO_3^{2-}+3OH^{-}$	-1.05	$I_3^{-}+2e^{-}\rightleftharpoons 3I^{-}$	0.536
$SO_4^{2-}+H_2O+2e^{-}\rightleftharpoons SO_3^{2-}+2OH^{-}$	-0.93	$AgBrO_3+e^{-}\rightleftharpoons Ag+BrO_3^{-}$	0.546
$2H_2O+2e^{-}\rightleftharpoons H_2+2OH^{-}$	-0.8277	$MnO_4^{-}+e^{-}\rightleftharpoons MnO_4^{2-}$	0.558
$Zn^{2+}+2e^{-}\rightleftharpoons Zn$	-0.7618	$AgNO_2+e^{-}\rightleftharpoons Ag+NO_2^{-}$	0.564
$Cr^{3+}+3e^{-}\rightleftharpoons Cr$	-0.744	$H_3AsO_4+2H^{+}+2e^{-}\rightleftharpoons HAsO_2+2H_2O$	0.560
$AsO_4^{3-}+2H_2O+2e^{-}\rightleftharpoons AsO_2^{-}+4OH^{-}$	-0.71	$MnO_4^{-}+2H_2O+3e^{-}\rightleftharpoons MnO_2+4OH^{-}$	0.595
$AsO_2^{-}+2H_2O+3e^{-}\rightleftharpoons As+4OH^{-}$	-0.68	$Hg_2SO_4+2e^{-}\rightleftharpoons 2Hg+SO_4^{2-}$	0.6125
$SbO_2^{-}+2H_2O+3e^{-}\rightleftharpoons Sb+4OH^{-}$	-0.66	$O_2+2H^{+}+2e^{-}\rightleftharpoons H_2O_2$	0.695
$SbO_3^{-}+H_2O+2e^{-}\rightleftharpoons SbO_2^{-}+2OH^{-}$	-0.59	$[PtCl_4]^{2-}+2e^{-}\rightleftharpoons Pt+4Cl^{-}$	0.755
$Fe(OH)_3+e^{-}\rightleftharpoons Fe(OH)_2+OH^{-}$	-0.56	$BrO^{-}+H_2O+2e^{-}\rightleftharpoons Br^{-}+2OH^{-}$	0.761
$2CO_2+2H^{+}+2e^{-}\rightleftharpoons H_2C_2O_4$	-0.49	$Fe^{3+}+e^{-}\rightleftharpoons Fe^{2+}$	0.771
$B(OH)_3+7H^{+}+8e^{-}\rightleftharpoons BH_4^{-}+3H_2O$	-0.481	$Hg_2^{2+}+2e^{-}\rightleftharpoons 2Hg$	0.7973
$S+2e^{-}\rightleftharpoons S^{2-}$	-0.47627	$Ag^{+}+e^{-}\rightleftharpoons Ag$	0.7996
$Fe^{2+}+2e^{-}\rightleftharpoons Fe$	-0.447	$ClO^{-}+H_2O+2e^{-}\rightleftharpoons Cl^{-}+2OH^{-}$	0.81
$Cr^{3+}+e^{-}\rightleftharpoons Cr^{2+}$	-0.407	$Hg^{2+}+2e^{-}\rightleftharpoons Hg$	0.851
$Cd^{2+}+2e^{-}\rightleftharpoons Cd$	-0.4030	$2Hg^{2+}+2e^{-}\rightleftharpoons Hg_2^{2+}$	0.920
$PbSO_4+2e^{-}\rightleftharpoons Pb+SO_4^{2-}$	-0.3588	$NO_3^{-}+3H^{+}+2e^{-}\rightleftharpoons HNO_2+H_2O$	0.934
$Tl^{+}+e^{-}\rightleftharpoons Tl$	-0.336	$Pd^{2+}+2e^{-}\rightleftharpoons Pd$	0.951
$[Ag(CN)_2]^{-}+e^{-}\rightleftharpoons Ag+2CN^{-}$	-0.31	$Br_2(l)+2e^{-}\rightleftharpoons 2Br^{-}$	1.066
$Co^{2+}+2e^{-}\rightleftharpoons Co$	-0.28	$Br_2(aq)+2e^{-}\rightleftharpoons 2Br^{-}$	1.0873

半反应	$\varphi^{\ominus}/V$	半反应	$\varphi^{\ominus}/V$
$H_3PO_4+2H^++2e^-\Longrightarrow H_3PO_3+H_2O$	-0.276	$2IO_3^-+12H^++10e^-\Longrightarrow I_2+6H_2O$	1.195
$PbCl_2+2e^-\Longrightarrow Pb+2Cl^-$	-0.2675	$ClO_3^-+3H^++2e^-\Longrightarrow HClO_2+H_2O$	1.214
$Ni^{2+}+2e^-\Longrightarrow Ni$	-0.257	$MnO_2+4H^++2e^-\Longrightarrow Mn^{2+}+2H_2O$	1.224
$V^{3+}+e^-\Longrightarrow V^{2+}$	-0.255	$O_2+4H^++4e^-\Longrightarrow 2H_2O$	1.229
$CdSO_4+2e^-\Longrightarrow Cd+SO_4^{2-}$	-0.246	$Cr_2O_7^{2-}+14H^++6e^-\Longrightarrow 2Cr^{3+}+7H_2O$	1.36
$Cu(OH)_2+2e^-\Longrightarrow Cu+2OH^-$	-0.222	$Tl^{3+}+2e^-\Longrightarrow Tl^+$	1.252
$CO_2+2H^++2e^-\Longrightarrow HCOOH$	-0.199	$2HNO_2+4H^++4e^-\Longrightarrow N_2O+3H_2O$	1.297
$AgI+e^-\Longrightarrow Ag+I^-$	-0.15224	$HBrO+H^++2e^-\Longrightarrow Br^-+H_2O$	1.331
$O_2+2H_2O+2e^-\Longrightarrow H_2O_2+2OH^-$	-0.146	$HCrO_4^-+7H^++3e^-\Longrightarrow Cr^{3+}+4H_2O$	1.350
$Sn^{2+}+2e^-\Longrightarrow Sn$	-0.1375	$Cl_2(g)+2e^-\Longrightarrow 2Cl^-$	1.35827
$CrO_4^{2-}+4H_2O+3e^-\Longrightarrow Cr(OH)_3+5OH^-$	-0.13	$ClO_4^-+8H^++8e^-\Longrightarrow Cl^-+4H_2O$	1.389
$Pb^{2+}+2e^-\Longrightarrow Pb$	-0.1262	$HClO+H^++2e^-\Longrightarrow Cl^-+H_2O$	1.482
$O_2+H_2O+2e^-\Longrightarrow HO_2^-+OH^-$	-0.076	$MnO_4^-+8H^++5e^-\Longrightarrow Mn^{2+}+4H_2O$	1.507
$Fe^{3+}+3e^-\Longrightarrow Fe$	-0.037	$MnO_4^-+4H^++3e^-\Longrightarrow MnO_2+2H_2O$	1.679
$Ag_2S+2H^++2e^-\Longrightarrow 2Ag+H_2S$	-0.0366	$Au^++e^-\Longrightarrow Au$	1.692
$2H^++2e^-\Longrightarrow H_2$	0.00000	$Ce^{4+}+e^-\Longrightarrow Ce^{3+}$	1.72
$Pd(OH)_2+2e^-\Longrightarrow Pd+2OH^-$	0.07	$H_2O_2+2H^++2e^-\Longrightarrow 2H_2O$	1.776
$AgBr+e^-\Longrightarrow Ag+Br^-$	0.07133	$Co^{3+}+e^-\Longrightarrow Co^{2+}$	1.92
$S_4O_6^{2-}+2e^-\Longrightarrow 2S_2O_3^{2-}$	0.08	$S_2O_8^{2-}+2e^-\Longrightarrow 2SO_4^{2-}$	2.010
$[Co(NH_3)_6]^{3+}+e^-\Longrightarrow[Co(NH_3)_6]^{2+}$	0.108	$F_2+2e^-\Longrightarrow 2F^-$	2.866
$S+2H^++2e^-\Longrightarrow H_2S(aq)$	0.142	$F_2+2H^++2e^-\Longrightarrow 2HF$	3.053

注：本表数据主要摘自 Lide DR. Handbook of Chemistry and Physics，90th ed，New York：CRC Press，2010。

附录5　金属配合物的稳定常数

配体及金属离子	$\lg\beta_1$	$\lg\beta_2$	$\lg\beta_3$	$\lg\beta_4$	$\lg\beta_5$	$\lg\beta_6$
氨（NH_3）						
Co^{2+}	2.11	3.74	4.79	5.55	5.73	5.11
Co^{3+}	6.7	14.0	20.1	25.7	30.8	35.2
Cu^{2+}	4.31	7.98	11.02	13.32	12.86	
Hg^{2+}	8.8	17.5	18.5	19.28		
Ni^{2+}	2.80	5.04	6.77	7.96	8.71	8.74
Ag^+	3.24	7.05				
Zn^{2+}	2.37	4.81	7.31	9.46		
Cd^{2+}	2.65	4.75	6.19	7.12	6.80	5.14
氯离子（Cl^-）						
Sb^{3+}	2.26	3.49	4.18	4.72		
Bi^{3+}	2.44	4.7	5.0	5.6		
Cu^+		5.5	5.7			
Pt^{2+}		11.5	14.5	16.0		
Hg^{2+}	6.74	13.22	14.07	15.07		
Au^{3+}		9.8				
Ag^+	3.04	5.04		5.30		

配体及金属离子	$\lg\beta_1$	$\lg\beta_2$	$\lg\beta_3$	$\lg\beta_4$	$\lg\beta_5$	$\lg\beta_6$
氰离子(CN^-)						
Au^+		38.3				
Cd^{2+}	5.48	10.60	15.23	18.78		
Cu^+		24.0	28.59	30.30		
Fe^{2+}						35
Fe^{3+}						42
Hg^{2+}				41.4		
Ni^{2+}				31.3		
Ag^+		21.1	21.7	20.6		
Zn^{2+}				16.7		
氟离子(F^-)						
Al^{3+}	6.10	11.15	15.00	17.75	19.37	19.84
Fe^{3+}	5.28	9.30	12.06			
碘离子(I^-)						
Bi^{3+}	3.63			14.95	16.80	18.80
Hg^{2+}	12.87	23.82	27.60	29.83		
Ag^+	6.58	11.74	13.68			
硫氰酸根(SCN^-)						
Fe^{3+}	2.95	3.36				
Hg^{2+}		17.47		21.23		
Au^+		23		42		
Ag^+		7.57	9.08	10.08		
硫代硫酸根($S_2O_3^{2-}$)						
Ag^+	8.82	13.46				
Hg^{2+}		29.44	31.90	33.24		
Cu^+	10.27	12.22	13.84			
醋酸根(CH_3COO^-)						
Fe^{3+}	3.2					
Hg^{2+}		8.43				
Pb^{2+}	2.52	4.0	6.4	8.5		
枸橼酸根(按 L^{3-} 配体)						
Al^{3+}	20.0					
Co^{2+}	12.5					
Cd^{2+}	11.3					
Cu^{2+}	14.2					
Fe^{2+}	15.5					
Fe^{3+}	25.0					
Ni^{2+}	14.3					
Zn^{2+}	11.4					

配体及金属离子	$\lg\beta_1$	$\lg\beta_2$	$\lg\beta_3$	$\lg\beta_4$	$\lg\beta_5$	$\lg\beta_6$
乙二胺($H_2NCH_2CH_2NH_2$)						
Co^{2+}	5.91	10.64	13.94			
Cu^{2+}	10.67	20.00	21.0			
Zn^{2+}	5.77	10.83	14.11			
Ni^{2+}	7.52	13.84	18.33			
草酸根($C_2O_4^{2-}$)						
Cu^{2+}	6.16	8.5				
Fe^{2+}	2.9	4.52	5.22			
Fe^{3+}	9.4	16.2	20.2			
Hg^{2+}		6.98				
Zn^{2+}	4.89	7.60	8.15			
Ni^{2+}	5.3	7.64	~8.5			

注：摘录自 Lange's Handbook of Chemistry, 16th ed, 2005：1358-1379。

附录6　实验室常用酸碱试剂的浓度和相对密度

试剂名称	相对密度	含量/%	浓度/mol·L^{-1}
浓硫酸(H_2SO_4)	1.84	96	18
稀硫酸	1.18	25	3
	1.06	9	1
浓盐酸(HCl)	1.19	38	12
稀盐酸	1.10	20	6
	1.03	7	2
浓硝酸(HNO_3)	1.42	69.8	16
稀硝酸	1.2	32	6
	1.07	12	2
浓磷酸(H_3PO_4)	1.7	85	15
稀磷酸	1.05	9	1
稀高氯酸($HClO_4$)	1.12	19	2
浓氢氟酸(HF)	1.13	40	23
冰醋酸(HAc)	1.05	90.5	17
稀醋酸	1.04	35	6
	1.02	12	2
浓氢氧化钠(NaOH)	1.43	40	14
稀氢氧化钠	1.09	8	2
浓氨水($NH_3·H_2O$)	0.88	25~27	15
稀氨水	0.99	3.5	2

附录7 常用缓冲溶液的配制

pH	配 制 方 法
0	$1mol \cdot L^{-1}$ HCl 溶液
1.0	$0.1mol \cdot L^{-1}$ HCl 溶液
2.0	$0.01mol \cdot L^{-1}$ HCl 溶液
3.6	$NaAc \cdot 3H_2O$ 8g,溶于适量水中,加 $6mol \cdot L^{-1}$ HAc 溶液 134mL,稀释至 500mL
4.0	将 60mL 冰醋酸和 16g 无水醋酸钠溶于 100mL 水中,稀释至 500mL
4.5	将 30mL 冰醋酸和 30g 无水醋酸钠溶于 100mL 水中,稀释至 500mL
5.0	将 30mL 冰醋酸和 60g 无水醋酸钠溶于 100mL 水中,稀释至 500mL
5.4	将 40g 六亚甲基四胺溶于 90mL 水中,加入 20mL $6mol \cdot L^{-1}$ HCl 溶液
5.7	100g $NaAc \cdot 3H_2O$ 溶于适量水中,加 $6mol \cdot L^{-1}$ HAc 溶液 13mL,稀释至 500mL
7.0	77g NH_4Ac 溶于适量水中,稀释至 500mL
7.5	NH_4Cl 60g 溶于适量水中,加浓氨水 1.4mL,稀释至 500mL
8.0	NH_4Cl 50g 溶于适量水中,加浓氨水 3.5mL,稀释至 500mL
8.5	NH_4Cl 40g 溶于适量水中,加浓氨水 8.8mL,稀释至 500mL
9.0	NH_4Cl 35g 溶于适量水中,加浓氨水 24mL,稀释至 500mL
9.5	NH_4Cl 30g 溶于适量水中,加浓氨水 65mL,稀释至 500mL
10	NH_4Cl 27g 溶于适量水中,加浓氨水 175mL,稀释至 500mL
11	NH_4Cl 3g 溶于适量水中,加浓氨水 207mL,稀释至 500ml
12	$0.01mol \cdot L^{-1}$ NaOH 溶液
13	$1mol \cdot L^{-1}$ NaOH 溶液

附录8 常见离子和化合物的颜色

离子及化合物	颜色	离子及化合物	颜色	离子及化合物	颜色
Ag_2O	褐色	$CaHPO_4$	白色	$Fe_2(SiO_3)_3$	棕红色
AgCl	白色	$CaSO_3$	白色	FeC_2O_4	淡黄色
$AgCO_3$	白色	$[Co(H_2O)_6]^{2+}$	粉红色	$Fe_3[Fe(CN)_6]_2$	蓝色
Ag_3PO_4	黄色	$[Co(NH_3)_6]^{2+}$	黄色	$Fe_4[Fe(CN)_6]_3$	蓝色
$AgCrO_4$	砖红色	$[Co(NH_3)_6]^{3+}$	橙黄色	HgO	红(黄)色
$Ag_2C_2O_4$	白色	$[Co(SCN)_4]^{2-}$	蓝色	Hg_2Cl_2	白黄色
AgCN	白色	CoO	灰绿色	Hg_2I_2	黄色
AgSCN	白色	Co_2O_3	黑色	HgS	红或黑
$Ag_2S_2O_3$	白色	$Co(OH)_2$	粉红色	CuO	黑色
$Ag_3[Fe(CN)_6]$	橙色	Co(OH)Cl	蓝色	Cu_2O	暗红色
$Ag_4[Fe(CN)_6]$	白色	$Co(OH)_3$	褐棕色	$Cu(OH)_2$	淡蓝色
AgBr	淡黄色	$[Cu(H_2O)_4]^{2+}$	蓝色	Cu(OH)	黄色
AgI	黄色	$[CuCl_2]^-$	白色	CuCl	白色
Ag_2S	黑色	$[CuCl_4]^{2-}$	黄色	CuI	白色
Ag_2SO_4	白色	$[CuI_2]^-$	黄色	CuS	黑色
$Al(OH)_3$	白色	$[Cu(NH_3)_4]^{2+}$	深蓝色	$CuSO_4 \cdot 5H_2O$	蓝色
$BaSO_4$	白色	$K_2Na[Co(NO_2)_6]$	黄色	$Cu_2(OH)_2SO_4$	浅蓝色
$Al(OH)_3$	白色	$[Cu(NH_3)_4]^{2+}$	深蓝色	$CuSO_4 \cdot 5H_2O$	蓝色
$BaSO_4$	白色	$K_2Na[Co(NO_2)_6]$	黄色	$Cu_2(OH)_2SO_4$	浅蓝色
$BaSO_3$	白色	$(NH_4)_2Na[CO(NO_2)_6]$	黄色	$Cu_2(OH)_2CO_3$	蓝色
BaS_2O_3	白色	CdO	棕灰色	$Cu_2[Fe(CN)_6]$	红棕色
$BaCO_3$	白色	$Cd(OH)_2$	白色	$Cu(SCN)_2$	黑绿色
$Ba_3(PO_4)_2$	白色	$CdCO_3$	白色	$[Fe(H_2O)_6]^{2+}$	浅绿色
$BaCrO_4$	黄色	CdS	黄色	$[Fe(H_2O)_6]^{3+}$	淡紫色
BaC_2O_4	白色	$[Cr(H_2O)_6]^{2+}$	天蓝色	$[Fe(CN)_6]^{4-}$	黄色
$CoCl_2 \cdot 2H_2O$	紫红色	$[Cr(H_2O)_6]^{3+}$	蓝紫色	$[Fe(CN)_6]^{3-}$	红棕色
$CoCl_2 \cdot 6H_2O$	粉红色	CrO^{2-}	绿色	$[Fe(NCS)_n]^{3-n}$	血红色

离子及化合物	颜色	离子及化合物	颜色	离子及化合物	颜色
CoS	黑色	$Cr_2O_4^{2-}$	黄色	FeO	黑色
$CoSO_4 \cdot 7H_2O$	红色	$Cr_2O_7^{2-}$	橙色	Fe_2O_3	砖红色
$CoSiO_3$	紫色	Cr_2O_3	绿色	$Fe(OH)_2$	白色
$K_3[CO(NO_2)_6]$	黄色	CrO_3	橙红色	$Fe(OH)_3$	红棕色
$BiOCl$	白色	$Cr(OH)_3$	灰绿色	$[Mn(H_2O)_6]^{2+}$	浅红色
BiI_3	白色	$CrCl_3 \cdot 6H_2O$	绿色	MnO_4^{2-}	绿色
Bi_2S_3	黑色	$Cr_2(SO_4)_3 \cdot 6H_2O$	绿色	MnO_4^-	紫红色
Bi_2O_3	黄色	$Cr_2(SO_4)_3$	桃红色	MnO_2	棕色
$Bi(OH)_3$	黄色	$Cr_2(SO_4)_3 \cdot 18H_2O$	紫色	$Mn(OH)_2$	白色
$BiO(OH)$	灰黄色	$FeCl_3 \cdot 6H_2O$	黄棕色	MnS	肉色
$Bi(OH)CO_3$	白色	FeS	黑色	$MnSiO_3$	肉色
$NaBiO_3$	黄棕色	Fe_2S_3	黑色	$MgNH_4PO_4$	白色
CaO	白色	$[Fe(NO)]SO_4$	深棕色	$MgCO_3$	白色
$Ca(OH)_2$	白色	$(NH_4)_2Fe(SO_4)_2 \cdot 6H_2O$	浅绿色	$Mg(OH)_2$	白色
$CaSO_4$	白色	$(NH_4)_2Fe(SO_4)_2 \cdot 12H_2O$	浅紫色	$[Ni(H_2O)_6]^{2+}$	亮绿色
$CaCO_3$	白色	$FeCO_3$	白色	$[Ni(NH_3)_6]^{2+}$	蓝色
$Ca_3(PO_4)_2$	白色	$FePO_4$	浅黄色	NiO	暗绿色
$Ni(OH)_2$	淡绿色	$Sb(OH)_3$	白色	$PbBr_2$	白色
$Ni(OH)_3$	黑色	$SbOCl$	白色	V_2O_5	红棕,橙
Hg_2SO_4	白色	SbI_3	黄色	ZnO	白色
$Hg_2(OH)_2CO_3$	红褐色	$Na[Sb(OH)_6]$	白色	$Zn(OH)_2$	白色
I_2	紫色	$Sn(OH)Cl$	白色	ZnS	白色
I_3^-（碘水）	棕黄色	SnS	棕色	$Zn_2(OH)_2CO_3$	白色
$\begin{bmatrix} Hg \\ O \quad NH_3 \\ Hg \end{bmatrix}$	红棕色	SnS_2	黄色	ZnC_2O_4	白色
		$Sn(OH)_4$	白色	$ZnSiO_3$	白色
PbI_2	黄色	TiO_2^{2+}	橙红色	$Zn_2[Fe(CN)_6]$	白色
PbS	黑色	$[V(H_2O)_6]^{2+}$	蓝紫色	$Zn_3[Fe(CN)_6]_2$	黄褐色
$PbSO_4$	白色	VO^{2+}	蓝色	$NaAc \cdot Zn(Ac)_2 \cdot 3UO_2(Ac)$	黄色
$PbCO_3$	白色	NiS	黑色	$Na_3[Fe(CN)_5NO] \cdot 2H_2O$	红色
$PbCrO_4$	黄色	$NiSiO_3$	翠绿色	$(NH_4)_3PO_4 \cdot 12MoO_3 \cdot 6H_2O$	黄色
PbC_2O_4	白色	$Ni(CN)_2$	浅绿色	$[Ti(H_2O)_6]^{3+}$	紫色
$PbMoO_4$	黄色	PbO_2	棕褐色	$TiCl_3 \cdot 6H_2O$	紫或绿色
Sb_2O_3	白色	Pb_3O_4	红色	$[V(H_2O)_6]^{3+}$	绿色
Sb_2O_5	淡黄色	$Pb(OH)_2$	白色	VO_2^+	黄色
		$PbCl_2$	白色		

附录9　一些物质或基团的相对分子质量

物　质	相对分子质量	物　质	相对分子质量	物　质	相对分子质量
$AgNO_3$	169.87	H_3BO_3	61.83	$NaCN$	49.01
Al	26.98	HCl	36.46	$NaOH$	40.01
$Al_2(SO_4)_3$	342.15	$KBrO_3$	167.01	$Na_2S_2O_3$	158.11
Al_2O_3	101.96	KIO_3	214.00	$Na_2S_2O_3 \cdot 5H_2O$	248.18
BaO	153.34	$K_2W_2O_7$	294.19	NH_4Cl	53.49
Ba	137.3	$KMnO_4$	158.04	NH_3	17.03
$BiCl_3 \cdot 2H_2O$	244.28	$KHC_8H_4O_4$	204.23	$NH_3 \cdot H_2O$	35.05
$BaSO_4$	233.4	MgO	40.31	$NH_4Fe(SO_4)_2 \cdot 12H_2O$	482.19
$BaCO_3$	197.35	$MgNH_4PO_4$	137.33	$(NH_4)_2SO_4$	132.14
Bi	208.98	$NaCl$	58.44	P_2O_5	141.95
CaC_2O_4	128.10	Na_2S	78.04	$PbCrO_4$	323.19

物　质	相对分子质量	物　质	相对分子质量	物　质	相对分子质量
Ca	40.08	Na_2CO_3	106.0	Pb	207.2
$CaCO_3$	100.09	$Na_2B_4O_7 \cdot 10H_2O$	381.37	PbO_2	239.19
CaO	56.08	Na_2SO_4	142.04	SO_3	80.06
CuO	79.54	Na_2SO_3	126.04	SO_2	64.06
Cu	63.55	$Na_2C_2O_4$	134.0	SO_4^{2-}	96.06
$CuSO_4 \cdot 5H_2O$	249.68	Na_2SiF_6	188.06	S	32.06
CH_3COOH	60.05	$Na_2H_2Y \cdot 2H_2O$(EDTA 二钠盐)	372.26	SiO_2	60.08
$C_4H_6O_6$(酒石酸)	150.09	NaI	149.39	$SnCl_2$	189.60
Fe	55.85	NaBr	102.90	HCHO(甲醛)	30.03
$FeSO_4 \cdot 7H_2O$	278.02	Na_2O	61.98	$K_3[Fe(C_2O_4)] \cdot 3H_2O$	491.26
Fe_2O_3	159.69				

附录10　某些试剂溶液的配制

试剂	配制方法
镁试剂	称取 0.01g 镁试剂溶解于 1000mL 2mol·L^{-1}NaOH 溶液中,摇匀
铬酸洗液	将 20g 重铬酸钾(化学纯)置于 500mL 烧杯中,加水 40mL 加热溶解。冷却后在搅动下缓缓加入 320mL 粗浓硫酸,保存在磨口细口瓶中
丁二酮肟溶液	称取 1g 丁二酮肟溶于 100mL 95%乙醇中
高锰酸钾溶液	称取稍多于理论量的高锰酸钾溶于水,加热煮沸 1h。放置 2～3d 后,滤除沉淀,并保存在棕色瓶中放置暗处。使用前用草酸钠基准物质标定
铬黑 T 指示剂	称取 0.5g 铬黑 T,将其溶解于 10mL NH$_3$·H$_2$O-NH$_4$Cl 缓冲溶液中,用 95%乙醇稀释至 100mL。注意现用现配,不易久放
标准铁溶液	准确称取 0.8463g 分析纯 NH$_4$Fe(SO$_4$)$_2$·12H$_2$O,将其溶解于 20mL 6mol·L^{-1}HCl 溶液和少量纯水中,转移至 1000mL 容量瓶中定容,其浓度为 0.1mg·mL^{-1}
0.15%邻二氮菲溶液	称取 0.75g 邻二氮菲,将其溶于 500mL 水中,并在每 100mL 水中加 2 滴浓盐酸。注意应使用新鲜配制的该溶液
10%的盐酸羟胺溶液	称取 50g 盐酸羟胺,将其溶于 500mL 纯水中。用时现配
PbCl$_2$ 饱和溶液	将过量的 PbCl$_2$(AR)溶于煮沸除去 CO$_2$ 的水中。充分搅拌并放置,以使溶解达到平衡,然后用定量滤纸过滤(所用滤纸必须是干燥的)
0.0500mol·L^{-1}碘标准溶液	称取 22.0g 分析纯 KI,放入研钵中,加入 5mL 蒸馏水使其溶解。加入 13g 纯碘,小心研磨到碘完全溶解,然后倒入洁净的 1000mL 棕色玻塞试剂瓶中,用少量蒸馏水冲洗研钵,并入瓶中。加蒸馏水稀释至 1000mL 摇匀。然后用 Na$_2$S$_2$O$_3$ 标准溶液标定
0.01000mol·L^{-1}[Fe^{3+}]溶液	用分析天平称取 4.8384g 分析纯 NH$_4$Fe(SO$_4$)$_2$·12H$_2$O,加入 100mL 2mol·L^{-1}HNO$_3$ 溶液,搅拌使其溶解,然后转移到 1000mL 容量瓶中待用
0.01000mol·L^{-1}磺基水杨酸溶液	用分析天平称取 2.5400g 磺基水杨酸(C$_7$H$_6$O$_6$S·2H$_2$O,M_r=254.22),溶于 1L 0.01mol·L^{-1}HClO$_4$ 溶液中,混匀
标准 Fe^{3+} 溶液	准确称取 0.8640g 分析纯 NH$_4$Fe(SO$_4$)$_2$·12H$_2$O,加入 100mL 2mol·L^{-1}HNO$_3$ 溶液,搅拌使其溶解,加入适量的蒸馏水,然后转移到 1000mL 容量瓶中,定容。其浓度为 0.1g·L^{-1}
0.25mol·L^{-1}磺基水杨酸溶液	称取 5.4g 磺基水杨酸溶于 50mL 蒸馏水中,加入 5～6mL 10mol·L^{-1}氨水,并用水稀释至 100mL
pH＝4.7 的缓冲溶液	将 100mL 6.0mol·L^{-1}HCl 溶液与 380mL 50g·L^{-1}NaAc 溶液混合;或 2mol·L^{-1}HAc 与同浓度 NaAc 溶液等体积混合

附录 11　酸碱混合指示剂

指示剂溶液的组成	变色时 pH	颜色 酸色	颜色 碱色	备 注
一份 0.1％甲基黄乙醇溶液 一份 0.1％亚甲基蓝乙醇溶液	3.25	蓝紫	绿	pH=3.2 蓝紫色 pH=3.4 绿色
一份 0.1％甲基橙水溶液 一份 0.25％靛蓝二磺酸水溶液	4.1	紫	黄绿	
一份 0.1％溴甲酚绿钠盐水溶液 一份 0.2％甲基橙水溶液	4.3	橙	蓝绿	pH=3.5 黄色,pH=4.05 绿色 pH=4.3 浅绿色
三份 0.1％溴甲酚绿乙醇溶液 一份 0.2％甲基红乙醇溶液	5.1	酒红	绿	
一份 0.1％溴甲酚绿钠盐水溶液 一份 0.1％氯酚钠盐水溶液	6.1	黄绿	蓝紫	pH=5.4 蓝绿色,pH=5.8 蓝色 pH=6.0 蓝带紫,pH=6.2 蓝紫色
一份 0.1％中性红乙醇溶液 一份 0.1％亚甲基蓝乙醇溶液	7.0	蓝紫	绿	pH=7.0 紫蓝
一份 0.1％甲酚红钠盐水溶液 三份 0.1％百里酚蓝钠盐水溶液	8.3	黄	紫	pH=8.2 玫瑰红 pH=8.4 清晰的紫色
一份 0.1％百里酚蓝 50％乙醇溶液 二份 0.1％酚酞 50％乙醇溶液	9	黄	紫	从黄到绿,再到紫
一份 0.1％酚酞乙醇溶液 一份 0.1％百里酚酞乙醇溶液	9.9	无	紫	pH=9.6 玫瑰红 pH=10 紫红
二份 0.1％百里酚酞乙醇溶液 一份 0.1％茜素黄乙醇溶液	10.2	黄	紫	

附录 12　常用酸碱指示剂

名　称	变色范围	颜色变化	配 制 方 法
0.1％百里酚蓝	1.2~2.8	红~黄	0.1g 百里酚蓝溶于 20mL 乙醇中,加水至 100mL
0.1％甲基橙	3.1~4.4	红~黄	0.1g 甲基橙溶于 100mL 热水中
0.1％溴酚蓝	3.0~1.6	黄~紫蓝	0.1g 溴酚蓝溶于 20mL 乙醇中,加水至 100mL
0.1％溴甲酚绿	4.0~5.4	黄~蓝	0.1g 溴甲酚绿溶于 20mL 乙醇中,加水至 100mL
0.1％甲基红	4.8~6.2	红~黄	0.1g 甲基红溶于 60mL 乙醇中,加水至 100mL
0.1％溴百里酚蓝	6.0~7.6	黄~蓝	0.1g 溴百里酚蓝溶于 20mL 乙醇中,加水至 100mL
0.1％中性红	6.8~8.0	红~黄橙	0.1g 中性红溶于 60mL 乙醇中,加水至 100mL
0.2％酚酞	8.0~9.6	无~红	0.2g 酚酞溶于 90mL 乙醇中,加水至 100mL
0.1％百里酚蓝	8.0~9.6	黄~蓝	0.1g 百里酚蓝溶于 20mL 乙醇中,加水至 100mL
0.1％百里酚酞	9.4~10.6	无~蓝	0.1g 百里酚酞溶于 90mL 乙醇中,加水至 100mL
0.1％茜素黄	10.1~12.1	黄~紫	0.1g 茜素黄溶于 100mL 水中

参 考 文 献

[1] 孟长功，辛剑. 基础化学实验. 北京：高等教育出版社，2009.

[2] 居学海. 大学化学实验 4（综合与设计性实验）. 北京：化学工业出版社，2007.

[3] 武汉大学主编. 分析化学实验. 第 4 版. 北京：高等教育出版社，2001.

[4] 王冬梅. 分析化学实验. 武汉：华中科技大学出版社，2007.

[5] 黄少云. 无机及分析化学实验. 北京：化学工业出版社，2008.

[6] 张明晓. 分析化学实验教程. 北京：科学出版社，2008.

[7] 南京大学《无机及分析化学实验》编写组. 无机及分析化学实验. 北京：高等教育出版社，2006.

[8] 武汉大学化学与分子科学学院实验中心编. 无机及分析化学实验. 第 2 版. 武汉：武汉大学出版社，2001.

[9] 南京大学大学化学实验教学组编. 大学化学实验. 北京：高等教育出版社，1999.

[10] 王少云，姜维林. 分析化学与药物分析实验. 济南：山东大学出版社，2003.

[11] 浙江大学，华东理工大学，四川大学合编. 殷学峰主编. 新编大学化学实验. 北京：高等教育出版社，2002.

[12] 金谷，江万权，周俊英. 定量分析化学实验. 合肥：中国科学技术大学出版社，2005.

[13] 周井炎. 基础化学实验（上）. 第 2 版. 武汉：华中科技大学出版社，2008.

[14] 李生英，白林，徐飞. 无机化学实验. 北京：化学工业出版社，2007.

[15] 徐琰. 无机化学实验. 郑州：郑州大学出版社，2006.

[16] 侯振雨. 无机及分析化学实验. 北京：化学工业出版社，2004.

[17] 北京师范大学无机化学教研室等. 无机化学实验. 第 3 版. 北京：高等教育出版社，2004.

[18] 大连理工大学无机化学教研室. 无机化学实验. 第 2 版. 北京：高等教育出版社，2004.

[19] 蔡维平. 基础化学实验. 北京：科学出版社，2004.

[20] 关鲁雄. 化学基本操作与物质制备实验. 长沙：中南大学出版社，2002.

[21] 郭伟强. 大学化学基础实验. 北京：科学出版社，2005.

[22] 高丽华. 基础化学实验. 北京：化学工业出版社，2004.

[23] 梁均方. 无机化学实验. 广州：广东高等教育出版社，2000.

[24] 郑春生等. 基础化学实验. 天津：南开大学出版社，2002.

[25] 武汉大学. 分析化学. 第 5 版. 北京：高等教育出版社，2006.

[26] 北京大学化学系分析化学教研室. 基础分析化学实验. 第 2 版. 北京：北京大学出版社，1998.

[27] 吴江. 大学基础化学实验. 北京：化学工业出版社，2005.

[28] 李梦龙，蒲雪梅. 分析化学数据速查手册. 北京：化学工业出版社，2009.

元素周期表

图例说明

95 — 原子序数
Am — 元素符号（红色的为放射性元素）
镅 — 元素名称（注▲的为人造元素）
5f⁷7s² — 价层电子构型
243.06⁺ — 的相对原子质量

氧化态（单质的氧化态为0, 未列入, 常见的为红色）

以 ¹²C=12 为基准的相对原子质量（注+的是半衰期最长同位素的相对原子质量）

s区元素	p区元素
d区元素	ds区元素
f区元素	稀有气体

电子层：K L M N O P Q

主表

周期	IA (1)	IIA (2)	IIIB (3)	IVB (4)	VB (5)	VIB (6)	VIIB (7)	ⅧB (8)	ⅧB (9)	ⅧB (10)	IB (11)	IIB (12)	IIIA (13)	IVA (14)	VA (15)	VIA (16)	VIIA (17)	VIIIA (18)
1	1 H 氢 1s¹ 1.00794(7)																	2 He 氦 1s² 4.002602(2)
2	3 Li 锂 2s¹ 6.941(2)	4 Be 铍 2s² 9.012182(3)											5 B 硼 2s²2p¹ 10.811(7)	6 C 碳 2s²2p² 12.0107(8)	7 N 氮 2s²2p³ 14.0067(2)	8 O 氧 2s²2p⁴ 15.9994(3)	9 F 氟 2s²2p⁵ 18.9984032(5)	10 Ne 氖 2s²2p⁶ 20.1797(6)
3	11 Na 钠 3s¹ 22.989770(2)	12 Mg 镁 3s² 24.3050(6)											13 Al 铝 3s²3p¹ 26.981538(2)	14 Si 硅 3s²3p² 28.0855(3)	15 P 磷 3s²3p³ 30.973761(2)	16 S 硫 3s²3p⁴ 32.065(5)	17 Cl 氯 3s²3p⁵ 35.453(2)	18 Ar 氩 3s²3p⁶ 39.948(1)
4	19 K 钾 4s¹ 39.0983(1)	20 Ca 钙 4s² 40.078(4)	21 Sc 钪 3d¹4s² 44.955910(8)	22 Ti 钛 3d²4s² 47.867(1)	23 V 钒 3d³4s² 50.9415	24 Cr 铬 3d⁵4s¹ 51.9961(6)	25 Mn 锰 3d⁵4s² 54.938049(9)	26 Fe 铁 3d⁶4s² 55.845(2)	27 Co 钴 3d⁷4s² 58.933200(9)	28 Ni 镍 3d⁸4s² 58.6934(2)	29 Cu 铜 3d¹⁰4s¹ 63.546(3)	30 Zn 锌 3d¹⁰4s² 65.409(4)	31 Ga 镓 4s²4p¹ 69.723(1)	32 Ge 锗 4s²4p² 72.64(1)	33 As 砷 4s²4p³ 74.92160(2)	34 Se 硒 4s²4p⁴ 78.96(3)	35 Br 溴 4s²4p⁵ 79.904(1)	36 Kr 氪 4s²4p⁶ 83.798(2)
5	37 Rb 铷 5s¹ 85.4678(3)	38 Sr 锶 5s² 87.62(1)	39 Y 钇 4d¹5s² 88.90585(2)	40 Zr 锆 4d²5s² 91.224(2)	41 Nb 铌 4d⁴5s¹ 92.90638(2)	42 Mo 钼 4d⁵5s¹ 95.94(2)	43 Tc 锝▲ 4d⁵5s² 97.907	44 Ru 钌 4d⁷5s¹ 101.07(2)	45 Rh 铑 4d⁸5s¹ 102.90550(2)	46 Pd 钯 4d¹⁰ 106.42(1)	47 Ag 银 4d¹⁰5s¹ 107.8682(2)	48 Cd 镉 4d¹⁰5s² 112.411(8)	49 In 铟 5s²5p¹ 114.818(3)	50 Sn 锡 5s²5p² 118.710(7)	51 Sb 锑 5s²5p³ 121.760(1)	52 Te 碲 5s²5p⁴ 127.60(3)	53 I 碘 5s²5p⁵ 126.90447(3)	54 Xe 氙 5s²5p⁶ 131.293(6)
6	55 Cs 铯 6s¹ 132.90545(2)	56 Ba 钡 6s² 137.327(7)	57~71 La~Lu 镧系	72 Hf 铪 5d²6s² 178.49(2)	73 Ta 钽 5d³6s² 180.9479(1)	74 W 钨 5d⁴6s² 183.84(1)	75 Re 铼 5d⁵6s² 186.207(1)	76 Os 锇 5d⁶6s² 190.23(3)	77 Ir 铱 5d⁷6s² 192.217(3)	78 Pt 铂 5d⁹6s¹ 195.078(2)	79 Au 金 5d¹⁰6s¹ 196.96655(2)	80 Hg 汞 5d¹⁰6s² 200.59(2)	81 Tl 铊 6s²6p¹ 204.3833(2)	82 Pb 铅 6s²6p² 207.2(1)	83 Bi 铋 6s²6p³ 208.98038(2)	84 Po 钋 6s²6p⁴ 208.98	85 At 砹 6s²6p⁵ 209.99	86 Rn 氡 6s²6p⁶ 222.02
7	87 Fr 钫 7s¹ 223.02⁺	88 Ra 镭 7s² 226.03⁺	89~103 Ac~Lr 锕系	104 Rf 𬬻▲ 6d²7s² 261.11⁺	105 Db 𬭊▲ 6d³7s² 262.11⁺	106 Sg 𨭎▲ 6d⁴7s² 263.12⁺	107 Bh 𨨏▲ 6d⁵7s² 264.12⁺	108 Hs 𨭆▲ 6d⁶7s² 265.13⁺	109 Mt 䥑▲ 6d⁷7s² 266.13⁺	110 Ds 𫟼▲ 269⁺	111 Rg 𬬭▲ 272⁺	112 Uub▲ 277⁺	113 Uut▲ 278⁺	114 Uuq▲ 289⁺	115 Uup▲ 288⁺	116 Uuh▲ 289⁺		

镧系

57 La 镧 5d¹6s² 138.9055(2)	58 Ce 铈 4f¹5d¹6s² 140.116(1)	59 Pr 镨 4f³6s² 140.90765(2)	60 Nd 钕 4f⁴6s² 144.24(3)	61 Pm 钷 4f⁵6s² 144.91	62 Sm 钐 4f⁶6s² 150.36(3)	63 Eu 铕 4f⁷6s² 151.964(1)	64 Gd 钆 4f⁷5d¹6s² 157.25(3)	65 Tb 铽 4f⁹6s² 158.92534(2)	66 Dy 镝 4f¹⁰6s² 162.500(1)	67 Ho 钬 4f¹¹6s² 164.93032(2)	68 Er 铒 4f¹²6s² 167.259(3)	69 Tm 铥 4f¹³6s² 168.93421(2)	70 Yb 镱 4f¹⁴6s² 173.04(3)	71 Lu 镥 4f¹⁴5d¹6s² 174.967(1)

锕系

89 Ac 锕 6d¹7s² 227.03⁺	90 Th 钍 6d²7s² 232.0381(1)	91 Pa 镤 5f²6d¹7s² 231.03588(2)	92 U 铀 5f³6d¹7s² 238.02891(3)	93 Np 镎 5f⁴6d¹7s² 237.05⁺	94 Pu 钚 5f⁶7s² 244.06⁺	95 Am 镅 5f⁷7s² 243.06⁺	96 Cm 锔 5f⁷6d¹7s² 247.07⁺	97 Bk 锫 5f⁹7s² 247.07⁺	98 Cf 锎 5f¹⁰7s² 251.08⁺	99 Es 锿 5f¹¹7s² 252.08⁺	100 Fm 镄 5f¹²7s² 257.10⁺	101 Md 钔 5f¹³7s² 258.10⁺	102 No 锘 5f¹⁴7s² 259.10⁺	103 Lr 铹 5f¹⁴6d¹7s² 260.11⁺